植物に死はあるのか

生命の不思議をめぐる一週間

稲垣栄洋

SB新書
623

プロローグ

命を考える一週間

天地創造の伝説によると、世界は一週間で創られたという。

夏休みの一週間はあっという間だが、仕事をしている一週間はけっこう長い。

アインシュタインは相対性理論を説明するときに、「熱いストーブの上に手を置くと、一分が一時間に感じられるが、きれいな女の子と座っていると、一時間が一分に感じられる。」と言ったという。

相対性理論とはいかなくても、私たちにとっても、時間というのは、相対的なものなのだろう。

天地を創造した神さまにとって、一週間はやはり長いものだったのだろうか。それとも、あっという間の出来事だったのだろうか。

それにしても、あの一週間は、いったい何だったのだろう。

今、思い返しても、本当に不思議な一週間だった。

私は大学で植物を教える教授である。

植物について学生たちに講義をするし、植物に関する本も書いている。
植物についてては、よくわかっていると自負していた。
しかし、そんな私が、植物について何もわかっていなかったことに気づかされた。
それどころか、「生命」とは何か、何もわかっていないことを思い知らされた。
私自身、生きている存在であるにもかかわらず、である。

いったい生命とは何なのだろう。
生きるとはいったいどういうことなのだろう。

それを考えた一週間だった。
別に何があったというわけではない。
思い返してみれば、何の変哲もない一週間だったような気がする。
しかし、かけがえのない一週間だったような気がする。

私の中で何かが変わったのだろうか。それとも、何も変わらなかったのだろうか。

今、思い返しても、本当に不思議な一週間だった。
一週間はときに短く、一週間はときに長い。
その一週間も、いつもと同じ月曜の朝から始まった。

―目次―

火曜日 植物と動物はどこが違うのか？

水曜日　草って何？

木曜日　木は何本あるのか？

金曜日　木は生きているか?

土曜日　植物は死ぬのか？

月曜日

どうして植物は動かないのか？

大学教授の朝

私は定刻より一時間以上早く大学に出勤する。

大学で植物学を教えるのが私の仕事だ。

私は、以前にはサラリーマンをしていたが、数年前に大学教授になる機会があった。サラリーマン時代は同僚たちと机を並べて仕事をしていたが、今では個室が与えられている。大学の建物は古いが、窓の外には大きな木が植わった中庭が見えて、なかなか雰囲気も良い。

何でも中庭の木は、大学ができる前から、そこにあるらしい。

サラリーマン時代は机の上に書類を山積みにしていた。個室になれば、それは解消されるかと思ったが、まったくそんなことはなく、個室があっても整理はできずに、机の上は書類が山積みのままだ。サイド机にも書類が山積みにされて、書類の山が増えただけの話だ。

もっとも、私の昔の職場は、今では個人の固定席がなく、ノートパソコンだけを持ってフリースペースで仕事をする方法が試みられているらしい。

昭和生まれの私にはまったく理解できない方法だ。

あの山積みの書類はどうしているのだろう。

小さなノートパソコンの中にすべてが収まっているのだろうか。ペーパーレス化で、さまざまな資料がメールで送られてくるが、私は紙でないと読みにくいので、プリントアウトしないと気が済まない。結果的に、机の上には書類の山ができあがる。


一時間以上早く出勤すると、大学の建物の中はまだ閑散としている。

それにしても、私が朝早く出勤するようになるとは思いも寄らなかった。

若いころは、とにかく朝起きることが一番つらかった。

それが、歳のせいなのだろうか、今では自然と目が覚めるから、朝早く出勤することも、あまり苦ではない。

何より、自動車通勤なので、朝早いと道が空《す》いている。通勤ラッシュの時間だと一時間以上も掛かってしまう道が、朝早ければ三〇分足らずだ。

しかも、朝は電話も掛かってこないし、いきなり部屋をノックしてくる人もいない。仕事に集中することができるのだ。

朝、出勤すると、私はまず、メールのチェックをするのが日課である。

本当は朝からメールのチェックなどしたくない。朝は創造的な仕事をすべきだ、と物の本にも書いてある。

しかし、現在、ほとんどの仕事はメールでやりとりされる。

そのメールを処理していかなければ、どんどん溜まっていってしまうのだ。

送られてくるメールの多くはゴミのようなものがほとんどだが、そのゴミの中に急ぎの仕事や大事な仕事も含まれている。まさに玉石混淆《こんこう》だ。

そのため、どうしても朝一番にメールチェックをしなければならないのだ。

昔の話をすると学生に嫌われるが、私が若かったころは電子メールなどなかった。

職場の外からの連絡はもっぱら電話で、会社の中の連絡も内線電話だった。

電話が掛かってきても、「今は不在です」と言えば、それで良かった。隣の机の人にお願いすれば、忙しいときは居留守を使うこともできた。

それが、今ではどうだろう。

携帯電話を持っているから、不在であることはあり得ない。何でもないことがメールで次々に送られてくる。私はパソコンのメールアドレスを使っているから、パソコンを開いたときにメールをチェックすれば良いが、携帯電話にメールが来るようになったら、まったく休めるときがないだろう。こちらの都合もおかまいなく送られてくるのに、読んでいないと、読んでいないこちらの方が悪いと怒られるくらいだ。

海外に出掛けてもメールからは逃れられない。地球の反対側の深夜のホテルだろうと、高度一万メートルを飛ぶ飛行機の中だろうと、メールはふだんの日常とまったく変わらないようすで、どうでも良い連絡が次々にやってくる。

メールのなかった昔もそれなりに忙しかったように記憶しているが、今思えば、のどかな時代である。

何しろ、職場に何台かワープロがあるだけで、机の上にはパソコンもなかった。いったいパソコンもメールもなしで、どうやって仕事をしていたのだろう。もはや、それさえ思い出すことはできない。

メールボックスをチェックしてみると、朝早くに学生から質問のメールが来ている。いや実際には、朝早くではない。時間を見ると、深夜遅くに送られてきたものだ。

メールはタイムラグなく送られてくるスピーディなツールだが、学生からのメールは深夜に送られてくることが多い。

家でもパソコンを開いてメールをチェックすることはできるが、私はと言えば、夜になると眠くなる。

若いころは夜型で深夜まで平気で起きていたが、最近は夕飯を食べるとすぐに眠くなるありさまだ。

そのため、学生からのメールはどうしても、次の日に見ることになる。

一方、私がメールを返しても、学生の方は授業がなければ昼まで平気で寝ている。

そして、午後はバイトで忙しかったりする。

そのため、私が朝出したメールに対する返事は、夜になることも少なくない。

メールはタイムラグがないはずだが、私と学生のやりとりは一日一往復になることもある。電報とほとんど変わらない速度だ。


メールのタイトルに「質問です」とある。

授業のときに質問がないか聞いても、誰も手を挙げることはない。

しかし、メールでは何人かの学生が質問をしてくる。

先週の授業に対する質問だろうか。火曜日中を〆切にしているレポートがあるから、それに関する質問かも知れない。そうだとしたら、早くメールを返してあげた方がいいだろう。

私は、メールを開いてみた。

「レポート課題は何文字でしょうか？」

差出人は、鈴木くんだ。

最近の学生はＬＩＮＥなどを使うせいか、メールも用件だけが短く書かれていることが多い。

本来であれば、「〇〇先生」と宛名を書いて、

「〇〇先生　いつもお世話になっております。△△の授業を受けております□□です。お忙しいところ失礼します。授業に対する質問があり、メールさせていただきました。」

と挨拶を書くのが礼儀である。

しかし、考えてみれば、用件を一行書くだけなのに、その前後にたくさん文章を書

かなければならないのは非効率でもある。

本当を言えば、読むのも大変だ。

とはいえ、一行だけとは、ずいぶん簡単なメールだ。

以前は、そういう学生からのメールがあると、いちいちメールの書き方を説教していたが、最近は、やめている。最近は、そんなメールが多いから、すっかり慣れてしまった。それに、いちいち指導をしていたら、口うるさい先生だと悪い評判が立つだけだ。

そもそもレポートはA４で一枚程度と指示していたのに、何文字まで指定しなければならないものだろうか。そんなことより、文字数など気にせずに書いてほしいと思うが、現実はそうではない。学生は文字数を指定すると、きっちりその文字数で書いてくる。

質問してくるのは、積極性があるとも言えるし、優秀なのか優秀じゃないのか、どう評価していいのかもわからない。

どうして植物は動かないのか？

次のメールも「質問です」と件名に書かれていた。

メールを開いてみると、

「どうして植物は動かないんでしょうか？」

やっぱり、それだけ書かれている。


差出人は、楠木《くすのき》さんだ。

ずいぶん、やぶから棒の質問だ。


「どうして植物は動かないんでしょうか？」


それにしても「どうして植物は動かないのか」とは、いやはや、ずいぶんと当たり前のことを聞いてくるものだ。

何しろ、植物が動かないのは当たり前だ。

植物は、動かないから植物である。

植物は「植わっている物」と書く。もし動いたら、動物になってしまうではないか！

植物が動かない理由

簡単に言ってしまえば、植物が動かなくて良いのは、光合成を行なうためである。

光合成とは、太陽のエネルギーを使って、二酸化炭素と水からエネルギー源となる糖を作り出す仕組みだ。この仕組みによって、植物は太陽の光さえあればエネルギー源を作り出すことができる。

空気と水だけで、自らエネルギーを作り出すことができるのだから、動き回る必要はない。むしろ動かずにじっとしていた方が、作り出したエネルギーをムダ使いせずにすむ。

そのため、植物は動かないのだ。

一方、動物は自分でエネルギーを作り出すことができないから、エサを探さなければならない。草食動物は植物を探し歩き、肉食動物は、獲物となる草食動物を求めて歩き回る。そのため、動物は動かなければならないのである。

独立栄養生物と従属栄養生物

植物は光合成をするから、動かなくても良い。

それでは「光合成」とは何だろう？

光合成とは、二酸化炭素と水から酸素と糖を作り出す仕組みである。このとき、太陽の光をエネルギーとして利用する。太陽の光を使って、糖を合成するから、光合成と呼ばれているのだ。

光合成は「二酸化炭素を吸って、酸素を吐き出す」と思われがちだが、植物にとっては違う。「太陽エネルギーを使って、糖を作り出す」ことである。

糖は生物が生きていく上でのエネルギー源となる。そのため、光合成は、太陽エネルギーを取り込んで、エネルギーをたくわえるための電池を作り出すような作業なのだ。この糖という電池の材料となるのが二酸化炭素と水である。そして、電池を作った後に、残るのが酸素である。酸素は光合成を行なう工場の廃棄物として外部に排出されるのである。

それを、私たちは美味《おい》しそうに深呼吸して吸っているのだ。

この光合成を行なうので、植物は水や栄養を吸収するための土と太陽の光があれば生きていくことができる。

他の生物に頼らなくても生きていくことができるので、植物は「独立栄養生物」と呼ばれている。

一方、動物は自分で栄養分を作り出すことができない。

草食動物は、植物を食べる。こうして植物が作り出した栄養分を取り入れるのだ。そして、肉食動物は草食動物を食べて栄養を得る。肉食動物が摂取する栄養も、元をたどれば植物に由来するものだ。

このように動物は、他の生物を食べなければ生きていくことができない。そのため、植物を「独立栄養生物」と呼ぶのに対して、動物は、「従属栄養生物」と呼ばれている。

光合成はすごい！

現代の私たちは高度なテクノロジーを手に入れているが、驚くことにこの光合成を再現することはできない。

光合成に似たような人工光合成は、開発が進んでいるが、植物の葉っぱが当たり前に行なっている光合成の反応を完全に再現することは、現在の科学技術をもってしても、できないのだ。

人間の科学は、植物の葉っぱ一枚に敵《かな》わないのである。

もっとも、植物自身もこの能力を自ら持っているわけではない。

かつて植物の祖先が、単純な単細胞生物だったころ、その生物は光合成を行なう小さな単細胞生物を取り込んだ。そして、植物の細胞と共生するようになったのである。このとき取り込まれた小さな単細胞生物が、現在、植物細胞の中で光合成を司《つかさど》る葉緑体であると考えられている。

現在でも葉緑体は、植物細胞の核の中にあるＤＮＡとは異なる独自のＤＮＡを持ち、分裂して増殖している。その振る舞いは、まるで独立した生物のようだ。

こうして、光合成をする生物を取り込むことによって、植物は光合成を行なう生物として進化を遂げた。これが光合成を行なう植物の起源であると言われている。

それでは、このとき取り込まれた小さな単細胞生物は、どのようにして光合成の仕組みを手に入れたのだろう。

それは謎である。

しかし、この「光合成」という仕組みは、その後の生命の進化の歴史に大きな影響を与えることになったのだ。

古代の地球には酸素はなかった

それにしても、植物はすごい仕組みを手に入れたものである。

酸素は私たちが生きていく上で、なくてはならないものだが、考えてみれば酸素は猛毒である。

何しろ、酸素はありとあらゆるものを酸化させて錆《さ》びつかせてしまう。鉄や銅などの丈夫な金属さえも、酸素にふれると錆びついてボロボロになってしまうほどなのだ。

金属でさえ錆びついてしまうくらいだから、生物の体を構成する物質も、酸素によって酸化してしまう。

私たちにとって酸素は必要だが、酸素はもともと、生命をおびやかす毒性のある物質なのである。

古代の地球には「酸素」という物質はほとんど存在しなかった。ところが、二七億年前に、突如として「酸素」という猛毒が地球上に現れる。この事件は「大酸化イベント」と呼ばれている。

その原因こそが、光合成を行なう単細胞生物が出現したことだ。

ただし、この単細胞生物は植物の祖先そのものではない。これこそが葉緑体の祖先と考えられているのである。

それにしても、光合成の獲得が地球環境に与えた影響は大きい。

光合成は、廃棄物として酸素が排出される。光合成による酸素の排出は、古代の地球にとっては環境汚染のようなものだったのである。

禁断の酸素

酸素は、生物にとって猛毒である。

実際に、酸素の出現によって多くの単細胞生物たちは、滅んでしまったと推察されている。

そして、わずかに生き残った単細胞生物たちは、地中や深海など酸素のない環境に身を潜めて、ひっそりと生きるほかなかったのである。

しかし、生命の進化というのは、すさまじいものである。

やがて、酸素の毒で死滅しないばかりか、酸素を体内に取り込んで生命活動を行なう生物が登場した。まるで危険な放射能を食べる怪物のような存在である。

酸素は生物にとって危険な物質ではあるが、爆発的なエネルギーを生み出す力がある。

危険を承知で、この禁断の酸素に手を出した単細胞生物は、これまでにない豊富なエネルギーを生み出すことに成功したのである。

モンスターに支配された惑星、地球

じつは、小さな単細胞生物だけの世界にも、強いものが弱いものをエサにする弱肉強食が繰り広げられていたと考えられている。小さな単細胞生物を大きな単細胞生物が取り込んで食べる。そして、大きな単細胞生物をより大きな単細胞生物が食べる。おそらくは、そんな世界だったのだ。

現在でもアメーバーのような単細胞生物は、エサとなる単細胞生物を細胞内に取り込んで、消化する。

ところが、あるとき事件が起きた。

「酸素呼吸」をする小さな単細胞生物が、大きな単細胞生物に取り込まれた。ところが、その小さな単細胞生物は消化されることなく、その細胞の中で暮らすことになったのだ。

これが現在、生物の細胞の中にあって酸素呼吸でエネルギーを作り出すミトコンドリアという細胞内器官の起源であると言われている。

このミトコンドリアを持った単細胞生物が、やがて動物や植物へと進化を遂げていく。そのため、動物細胞も植物細胞もミトコンドリアを持ち、すべての動物と植物が酸素呼吸によって生きている。

このように、食べたものを体内に取り入れて共生することによってミトコンドリアが生まれたと考えられているのである。これが「細胞内共生説」である。

こうして、酸素をエネルギーに変える怪物を取り込むことで、この大きな単細胞生物もまた酸素呼吸を行なうモンスターとして進化を遂げたのだ。

後に、このモンスターは豊富な酸素を利用して丈夫なコラーゲンを作り上げ、体を巨大化することに成功する。そして、多細胞生物へと進化を遂げていくのである。

地中や深海に隠れ棲《す》む先住民の単細胞生物から見れば、地球はモンスターに支配された惑星なのだ。

やがて植物の祖先となる単細胞生物は、光合成を行なう別の単細胞生物を取り込む。それが葉緑体の起源である。こうして、自ら栄養を作り出すことが可能になり、ムダに動くことのない生物へと進化を遂げていくのである。

私はコーヒーをひとくち飲んだ。

今日のコーヒーは、苦味がちょうど良い。

「植物は動かない」は本当か？

もっとも、植物は動かないというが、実際にはまったく動かないわけではない。

たとえば、オジギソウなどは、葉っぱを触ると、葉っぱが動いて閉じる。

あるいは、アサガオのつるもぐるぐると旋回しながら、巻き付くものを探し出す。

植物もまったく動かないわけではないのだ。

オジギソウやアサガオのような特別な植物でなくても、植物は光合成を行なうために、光を受けなければならないから、定点カメラなどで観察すると、葉っぱの角度などはこまめに動かしている。

植物は動かないイメージがあるが、意外と動いているものなのだ。


一方の、動物はどうだろう。

動物は「動く物」と書くが、実際には動かないものもある。

たとえば、イソギンチャクやサンゴはどうだろう。

イソギンチャクは、触手は盛んに動かしているが、移動することはない。岩にぴったりと貼りついて、まるで植物のようだ。

ただし、イソギンチャクは移動することもできる。イソギンチャクの体には筋肉があるので、定着した場所が気に入らなければ、動いて移動することができるのである。

それでは、サンゴはどうだろう。

サンゴはまるで動かない。実際にサンゴは、ずっと海藻の仲間だと考えられていた。しかし、現在では、サンゴはイソギンチャクと同じ仲間の動物に分類されている。

サンゴは石灰質の固い骨格を作って、その中に本体がある。いわば、私たちがイメージするサンゴは、貝の殻のようなものだ。サンゴの固い骨格の中には、ポリプと呼ばれる小さな個体が棲んでいて、イソギンチャクと同じように触手を伸ばしてエサを獲《と》っている。

触手を動かしているとはいえ、サンゴはほとんど動かない。

それならば、アサガオのつるの方が、よほど動いていると言えるだろう。

私たち人間は、動物なので常に動いている。

休みの日などは一日中、家でゴロゴロして動かないこともあるが、それでも寝返りは打つし、トイレに行ったり、食事をしたりする。まったく動かないということはない。

それに比べれば、イソギンチャクやサンゴはまるで植物だ。

動物なのに動かないなんて、いったいどんな気持ちで生きているのだろう。

いったい、「動く」とは何なのだろう。

動かない動物たち

イソギンチャクやサンゴは、見た目は植物のような存在である。

しかし、見た目は動き回る動物と変わらないのに、動かないものもいる。

たとえば、ミノムシはどうだろう。

ミノムシは枯れ葉や枯れ枝で巣を作り、その中にこもって暮らしている。このようすが、粗末な蓑《みの》を着ているように見えることから、「蓑虫《みのむし》」と名付けられた。

ミノムシは、ミノガという蛾《が》の幼虫である。ミノムシは巣の中でサナギになる。そして、成虫になって巣の外に出てくるのである。

ところが、巣の外へと出てくるのは、オスのミノムシだけである。

ミノムシのメスは、春になっても巣の外に出てくることはない。巣の中でサナギになり、翅《はね》のある成虫になるのだが、その後も巣の中に留《とど》まる。そして、一生を蓑の中で過ごすのである。やがて訪れたオスと交尾をすると、巣の中に卵を産むのである。

ミノムシのメスは巣から出ることなく、一生を過ごすのだ。

ヨーロッパの洞窟に棲むホライモリは、カエルと同じ両生類だが、ほとんど動くことはない。暗い洞窟の中でじっとしている。

洞窟の中では天敵から逃げ回る必要はない。また、下手に動いてもエサが見つかる可能性も低い。そのため、じっと動かずに飢餓に耐えながら、獲物がやってくるのを待ち続けている。

動物だからと言って、動かなければならないというわけではない。

動かない方が良いのであれば、動物であっても動かないのだ。

それでは、私たちは何のために動いているのだろう。

しかし、私には動かない動物の気持ちはわからない。

たとえ生きるために動かなくて良いと言われても、私はやはり動きたいだろう。

動物は動くから動物である。それなのに、動かない生き物たちは、いったいどんな気持ちで日々を過ごしているのだろう。

植物は人間の想像力を超える

人類の脳は想像力に長《た》けた器官である。

古今東西、人間は、豊かな想像力を働かせて、さまざまなモンスターを創り出してきた。

あるときは、それは妖怪であったり、あるときは怪獣であったり、あるときは宇宙生物であったりしてきた。あるものは、目が三つあったり、首がいくつもあったり、恐ろしい角やキバがあったりした。

しかし、残念ながら、それが人間の想像力の限界である。

人間の想像力を超えたモンスターは、どんな姿かたちをしているのだろう？

私たちの身近な植物は、そのどんなモンスターよりも姿かたちもその生態も奇妙である。

何しろ目も口も耳もない。手足もなければ顔もない。動き回ることもなく、エサを食べることもない。そして、太陽の光でエネルギーを作り出しているのだ。

私たちの想像力は植物以上に奇妙な生き物を思いつくことができるだろうか？

植物は本当に、奇妙な生物である。

植物は、動かないと言えば、動かないし、動くと言えば、動く。本当に不思議な生き物だ。

そういえば、「歩く植物」と呼ばれるものもあった。

ソクラテア・エクソリザと呼ばれる植物は、タコの足のような根っこを足のように使って光の当たる方に移動する能力がある。その移動距離は一年間で数十センチという、ゆっくりとした歩みではあるが、動かないわけではないのだ。

ちなみにソクラテア・エクソリザの名前は歩きながら問答をした古代ギリシャの哲学者ソクラテスに由来している。

アリストテレスにとっての「植物」

哲学者と言えば、思い出すことがある。

古代ギリシャの哲学者アリストテレスは、植物という奇妙な存在をこう評した。

「植物は、逆立ちした人間である。」

私たちが栄養を摂《と》る口は、上半身にあるが、植物の栄養を摂る根は下半身にある。そして植物は生殖器官である花が上半身にあり、人間は生殖器官が下半身にあるとしたのである。頭を地面につっこんで食糧を得ながら、頭で体を支える。そして、「頭隠して尻隠さず」のことわざさながらに、下半身は地面の上に出している。それどころか、人間が「下半身」と呼ぶ生殖器官をもっとも目立たせているしまつだ。

植物は、動物とは正反対の生物なのだから、私たちが植物の生き方を理解できないのは無理もない話だろう。

プラトンにとっての「植物」

もっともアリストテレスの「植物は、逆立ちした人間である。」には続きがある。アリストテレスの師であるプラトンは、「人間は、逆立ちした植物である。」と言ったのだ。

「植物は、逆立ちした人間である」と「人間は、逆立ちした植物である」は、同じことを意味しているように思える。

要は、人間と植物は反対の存在だ、ということだ。

アリストテレスの言葉とプラトンの言葉は、主語を入れ替えただけのようにも思える。

ところが、そうではないらしい。

哲学的な物の見方は、「プラトン的」な考え方と、「アリストテレス的」な考え方に大きく分けられるという。そして、プラトンは理想主義者で観念論的な考え方であるのに対して、アリストテレスは現実主義者で経験論的な考え方であると対比されるのである。

どういうことなのだろうか？

プラトンは「人間は」と言った。つまり、プラトンにとって大切なことは「人間とは何か？」なのである。

一方、アリストテレスは「植物は」と言った。つまり、アリストテレスにとっては、「植物とは何か？」が関心事なのだ。

プラトンは、真理は神のものであると考えていた。そして、神の真理の下で「人とは何か、人はどう生きるべきか」を問い続けたのである。

一方、アリストテレスは、「真理は目の前の物質や現象の中にある」と考えた。

そして、それを観察することで、真理を明らかにできると考えたのである。

このアリストテレスの考え方は、現在の自然科学研究の基礎となっている。

そのため、アリストテレスは、「万学の祖」と呼ばれているのだ。

月曜日の答え

このように考えていけば、「植物は、逆立ちした人間である」と「人間は、逆立ちした植物である」は、まったく異なる意味を有していることに気がつくだろう。

アリストテレスにとって植物は観察の材料である。植物の根っこは人間にとっての口の役割をするものであり、花は人間の生殖器官に相当すると比較研究をしたのだ。

一方、プラトンは「人間とは」と問うた。そして、植物は大地に根ざして生えているが、人間の頭は天に近いところにある。地面から生える植物とは反対に、「人間は天から生えた植物である」と言ったのである。そして、だから人間は、地上の欲をむさぼるのではなく、天に根ざして気高く生きるべきだと主張したのである。

「植物は」と「人間は」と主語を入れ替えるだけで、その後の思考は変わってしまうのだ。

これはなかなか面白い。

植物を主語にして、人間と比較したり、主語を入れ替えて、人間と植物を比較したりすると、面白い発想ができるかも知れない。

そういえば、楠木さんの質問も「植物は」だった。

これが自然科学では、当たり前の発想である。

アリストテレス
プラトン

試しに、主語を入れ替えたらどうなるだろう。

人間からすると植物はずいぶんと変わった生き物だが、植物から見れば、人間も相当に変わった生き物なのだろう。

いや、植物だけではない。

たとえば、鳥はこう質問することだろう。

「人間は、どうして飛ばないのでしょうか?」

あるいはミツバチは人間に見えない紫外線を見ることができる。

ミツバチは、こう聞いてくるだろう。

「人間は、どうして紫外線が見えないのでしょうか?」

別に飛ばなければならない理由はない。飛ばなくても生きていけるのだから、それで良いではないか。

私は紫外線が見えないが、それで不便に感じたことはない。

紫外線が見えたらどんなに良いだろう、と考えたこともない。

飛べなくても、紫外線が見えなくても、私は生きていくことができる。

それで、良いではないか。
もっとも、鳥やミツバチがそんなことを聞いてくるとは思えない。
他の生物の生き方が気になるのは、人間くらいのものだ。

私は冷め切ったコーヒーを飲み干した。

「Re：質問です」
私は返信をした。

「動かない植物は、きっとこう質問することでしょう。『どうして動物は動かなければ生きていけないのでしょうか？』」

火曜日

植物と動物はどこが違うのか？

学問は「そもそも」から始まる

月曜日の次には、火曜日がやってくる。

一週間が始まったばかりであるが、火曜日はけっこうしんどい。水曜日になれば、一週間も折り返しという感じがする。木曜日、金曜日は週末が近づいてくる。しかし、火曜日は「まだ火曜日か……」という感覚がつきまとうのだ。実際に、私が担当している火曜午後の授業は、学生たちにすこぶる評判が悪い。これは私のせいではなく、火曜日のせいである。

パソコンを開くと「質問です」というタイトルのメールがまた届いていた。差出人は楠木さんだ。

「植物と動物はどこが違うのでしょう?」

どういう意味だろう。

植物と動物とはまったく異なる存在である。

まさか、「漢字が違う」といった、小学生のクイズのような答えを期待されているわけでもないだろう。

植物と動物は、まったく違う。似ても似つかない存在だ。

何しろ動物は動くが、植物は動かない。

しかし、そんな答えではあまりに幼稚すぎる。

そもそも、楠木さんは、昨日は植物が動かない理由を聞いてきたくらいだから、それくらいのことはわかっているはずだ。

こういうときは、「そもそも」の違いを明らかにしていくのが良いだろう。

まずは、定義から、明らかにしてみよう。

学問を司る大学という場所は、言葉の定義をとても大切にする。

そもそもの前提条件が異なると、議論が初めからかみ合わないからだ。そのため、その言葉はどのような意味なのかを正確に把握することが必要になる。

こうして、「そもそもどういう意味なのか？」「そもそも何なのか？」にこだわる先生たちがいて、教授会は終わることはない。大学というのは、そういう場所だ。

私はコーヒーを飲んだ。

また、余計なことを考えてしまった。

とりあえず、定義を調べてみることにしよう。

それでは、そもそも動物と植物は、どう定義されているのだろう。

植物の定義

「動物とは……」私はインターネットで「動物の定義」を検索してみた。

「動物とは……生物を二大別したときに、植物に対する生物区分」

（どういうことだろう）

私は嫌な予感がした。

そうだとすると、まさか植物は……

「動物と対比させられた生物区分」

（やっぱりだ）

動物は植物ではない存在であり、植物は動物ではない存在……、やれやれこれでは、何の説明にもなっていない。

もっとも、この定義は正確ではない。

その昔、すべての生物は動物と植物の二つに分けられていた。

これが古代ギリシャの哲学者アリストテレスが唱え、分類学の父と呼ばれるリンネが体系化した二界説である。この考え方では、すべての生物が、動物と植物に分類される。

たとえば、この分類では、キノコは植物となる。また、青カビも植物だ。大腸菌のような菌類や乳酸菌のようなバクテリアもすべて植物に含まれる。

私が子どものときに読んだ植物の本は、最初にコレラ菌のことが書かれていた。人間の病原菌も植物に分類されていたのだ。

乱暴な言い方をすれば、二界説は、動物以外は、すべて植物に分類してしまうやり方だ。

分類の難しさ

二つに分けるだけでは、あまりに不便なので、最近では五界説のように五つに分類するやり方が主流だ。

これは動物と植物とは別に、キノコのような多細胞の菌類、大腸菌のような単細胞の真核生物、バクテリアのような原核生物の五つに分けている。

もっとも、それでは事足りず、六界説や、八界説のように分けることもある。

生物の世界は何一つ変わっていないのに、分類のやり方はさまざまなのである。

分類というのは、ずいぶんいい加減なものだと思うかも知れないが、そうではない。分類とは、そもそもそんなものである。何しろ、分類は自然界にある法則ではなく、人間が整理するために自分たちで作っているルールだからである。

私が住んでいる静岡県は、地理では中部地方に分類されている。ところが、農業分野は関東農政局管内になる。つまり、関東地方に分類されてしまうのだ。

一方、天気予報や高校野球の地方大会では東海地方に分類される。東海地方は岐阜県、愛知県、三重県、静岡県の四県である。ところが、名古屋の経済圏でくくられて東海三県という分類もある。東海三県という分類の中に静岡県は含まれない。もっとも、東海三県の中の三重県は、地理的な分類では中部地方ではなく、近畿地方である。

何ともややこしいが、それぞれの分野の人たちが、自分たちが整理しやすいように線を引いているだけだから、それぞれの分野では、それで都合良くやれている。

そもそも、「静岡県」という言い方をするが、県境というものは、人間が勝手に引いたものである。自然界には、県内も県外もない。

分類というのは、人間が都合の良いように勝手に決めているルールである。だから数学の公式や自然界の法則のように、自然界にもともとあるものではない。だから、人間に都合が良ければ、いい加減でいいのだ。

たとえば、農業分野ではイチゴやメロンは野菜である。栽培の場面では、他の野菜と共通することが多いので、野菜に分類する方が、都合が良いのである。しかし、利用の場面ではイチゴやメロンはデザートとして用いられることが多い。そのため、流通や販売の場面では果物に分類される。

分類とは、そういうものなのだ。

動物と植物はどこが違う?

とはいえ、植物と動物とは明確に異なる。

県境のようにいい加減なものではない。

何しろ五界説や八界説も、微生物の世界の分け方が異なるだけで、動物と植物の大きな分類は何も変わらない。

それでは、楠木さんにもわかるように、動物と植物の違いを整理してみることにしよう。

わかりやすい説明は、動物は動くが、植物は動かないということだろう。

ただし、昨日も考えたとおり、植物も動くと言えば、動く。

「植物は動かない」と決めつけることはできなそうだ。

わかりきったように思えるものでも、いざ言語化して定義づけようとすると、なかなか難しいことがある。

たとえば、クジラとイルカは、幼い子どもでも見分けがつくだろう。

それでは、クジラとイルカの違いを説明できるかと言われると、これはなかなか難しい。

分類学的にも、じつはクジラとイルカの違いは、大きさの違いでしか説明されない。体長四～五メートル以下のものがイルカであり、それより大きいものはクジラと定義されているのだ。つまり、イルカは小さいクジラであり、クジラは大きいイルカでしかないのである。

クジラとイルカは、まったく違うような気がするが、いざ定義づけようとすると、明確に区別することができない。実のところ、ほとんど違いがないということなのだ。

それでは植物と動物は、どのように定義づけられるだろうか。

クジラとイルカは何となく似ているが、植物と動物は、見た目がまったく違う。似ているところなど、まったくないと言ってもいいくらいだ。

クジラとイルカの例に見るように、生物の分類というものは、じつはあいまいなものが多い。

ただし、植物と動物の違いは明確である。

植物と動物の決定的な違い

植物の大きな特徴の一つは「光合成を行なう」ことである。つまり、太陽の光エネルギーを利用してエネルギー源を作り出すことができるのだ。

これは植物を動物と区別する決定的な要因である。

植物細胞と動物細胞とを比べると、植物細胞の中には「葉緑体」という細胞小器官がある。

この葉緑体が光合成を司る器官だ。

葉緑体があるかどうかは、植物細胞と動物細胞を分ける大きな特徴である。学校の理科のテストでは必ず出題されることだろう。

理科の教科書では、もう一つ、植物細胞と動物細胞との大きな違いが紹介されている。動物の細胞は細胞膜という膜で覆われている。これに対して、植物の細胞は、細胞膜の外側を細胞壁という壁で囲って、細胞を固くしているのだ。

「植物細胞は、葉緑体と細胞壁を持つ」と、学校の理科の授業では暗記をする。

理科の生物学は、覚えることが多い。生物学が暗記科目であると言われてしまう所以《ゆえん》だ。

しかし、考えてみてほしい。生物は生きている存在である。理科の教科書で紹介されるすべての事柄は、生物がよりよく生き、より長く生き抜くためのものである。暗記させられる言葉には、必ず「生きるため」の理由があるのだ。

たとえば、葉緑体は光合成を行なうためのものである。

光合成で栄養分を作ることができるから、植物は動かなくて良くなったのだ。

それでは、どうして植物の細胞は細胞壁を持つのだろうか。

植物細胞の戦略

かつて植物の祖先は、葉緑体を持つ単細胞生物であった。

動き回るためには、細胞が小さくて軽い方が動きやすいかも知れない。しかし、植物の細胞は違う。動き回る必要がないから、できるだけ細胞が大きい方が、よりたくさんの葉緑素を持って、よりたくさんの光を浴びて、よりたくさんの栄養を作ることができる。

そのため、細胞は大きい方が良い。

細胞を大きくするためには、細胞のまわりを固い壁で覆った方が、より安定した体を得られそうだ。

やがて生物の進化は、一個の細胞では限界を感じて、たくさんの細胞が集まって大きな体を作るようになる。

それが多細胞生物である。

単細胞生物だった動物の祖先も、やがて多細胞生物に進化をするが、多細胞の大きな体であっても動き回らなければならないから、細胞のまわりを壁で囲うと動きにくくなってしまう。

一方、多細胞生物となった植物は、どんどん細胞を積み上げて体を大きくしていく。体を大きくして背が高くなればなるほど、光を浴びやすくなるから、植物はどんどん体を大きくしていく。

このとき、細胞がやわらかいと、たくさん積み上げることができない。そこで細胞壁で細胞を固く補強することによって、積み木やブロックを積み上げるように、細胞を積み上げて、体を大きくすることができるようになったのである。

植物は「細胞壁」を何となく持っているわけではない。ちゃんとした理由があって、植物が戦略的に獲得したものなのである。

植物細胞という動かない地味な存在であっても、その生き方は本当にダイナミックなのだ。

（どうして、こんなに面白いのに、暗記科目だと言われてしまうのだろう？）

私は窓の外を見た。

中庭の大きな木の枝先の葉が揺れている。

動物でこの大木のように巨大化するものはない。

植物が巨木となることができるのは、細胞壁のおかげだったのだ。

「葉緑体を持つのが植物」は本当か？

「植物と動物の違いは、細胞が葉緑体を持つかどうかです。」

メールに返信を書こうとして、「待てよ」と私は考えた。

私には思いついたことがあったのだ。

じつは動物の中にも、葉緑体を持つものがあることを思い出したのだ。


ウミウシは、海に棲むナメクジのような生き物である。

触角が牛の角のように見えることから、「海牛《うみうし》」と呼ばれているのだ。

このウミウシの仲間には、葉緑体を持って光合成を行なうものがある。

動物なのに光合成を行なうとは、ずいぶん奇妙な生き物である。

ウミウシは動物なので、動物細胞からできている。本来は、葉緑体を持たないはずである。

じつは、ウミウシはエサから葉緑体を得ている。

ウミウシは藻類をエサにしている。そして、藻類に含まれていた葉緑体を体内に取り入れる。

ここまでは私たちも同じである。

私たちも野菜などの植物を食べる。キャベツやホウレンソウなどの葉物野菜として、植物の葉っぱを食べている。つまり、葉っぱに含まれている葉緑体も体の中に取り入れているのだ。

もちろん、葉っぱを食べたからといって、私たちは光合成ができるようになるわけではなく、私たちの体の中に取り込まれた葉緑体は、消化器官を通るうちに、消化されたり、分解されたりしてしまう。つまり、どんなに葉っぱを食べても、私たちが光合成をできるようにはならないのだ。

ウミウシとミドリアメーバー

しかし、ウミウシの仲間は、エサといっしょに体内に取り入れた葉緑体を、さらに細胞の中にまで取り込む。そして、細胞の中の葉緑体に光合成をさせて、養分を得ているのである。

このウミウシの仲間は、動物でありながら、光合成をしているのだ。

他にも例はある。

たとえば、ミドリアメーバーと呼ばれるアメーバーの仲間は、体の中にクロレラと呼ばれる藻類をそのまま取り込んでしまう。そして、光合成を行なうクロレラと共生することで、養分を得ているのである。

ミドリアメーバはその名のとおり、緑色に見える。それは、体の中に葉緑体を持つクロレラを取り込んでいるからなのだ。

植物は、もともと細胞の中に葉緑体を持っている。

後から、エサといっしょに葉緑体を取り込んだり、光合成を行なう藻類を体内に取り込むのは、ずるい方法で、葉緑体を持っているとは言えないのではないか。

やっぱりウミウシと植物は違うし、アメーバと植物とも違うのではないか。

そう思うかも知れない。

確かにそうである。

しかし、どうだろう。

月曜日にも考えたように、植物だって、最初から葉緑体を持っていたわけではない。

ウミウシやアメーバと同じように、後から葉緑体を取り入れたのである。

全生物最終共通祖先「LUCA」

葉緑体を持つ植物の誕生を復習してみよう。

その昔、地球に生命が生まれたのは三八億年前のことであると言われている。最初に小さな原始生命体が生まれ、その生命体が起源となって、今、地球にいるすべての生物に進化していったと考えられている。

地球という惑星に最初に生まれた生命体は、「LUCA《ルカ》」と名付けられている。これは、Last Universal Common Ancestorの頭文字を取った言葉で、日本語では、「全生物最終共通祖先」と訳される。

生命の誕生は謎に包まれている。

もっとも、生命の誕生という奇跡のような偶然が、そんなに頻繁に起こるとは思えない。

地球上のすべての生物の祖先は、このLUCAの誕生にたどりつくと考えられているのである。

原始生命体が進化を遂げることで、地球はやがて生命あふれる惑星になっていく。

シアノバクテリアの存在

やがて、「酸素呼吸」をする小さな単細胞生物が誕生し、この小さな単細胞生物は、大きな単細胞生物に取り込まれた。これが動物細胞と植物細胞の中で酸素呼吸によりエネルギーを作り出すミトコンドリアという細胞内器官の起源である。

その後、植物の祖先となる単細胞生物は、光合成を行なう小さな単細胞生物を取り込んで、共生をするようになる。

この小さな単細胞生物が、植物細胞の中で光合成を司る葉緑体の起源なのである。光合成を行なう小さな単細胞生物は、現在でも存在していて、シアノバクテリアと呼ばれている。つまり、シアノバクテリアとの共生を実現した単細胞生物が、植物へと進化を遂げていくのだ。

このように、植物と動物は、その起源が明確に異なる。

つまり、シアノバクテリアを体内に取り込んだか、取り込まなかったか、それだけが植物と動物の違いなのだ。

しかし、光合成を行なう生物を取り込んだという点では、ウミウシも同じではないだろうか。

考えてみれば、シアノバクテリアを体内に取り込んだかどうかだけで区別されるというのも、何かおかしい。

体内に取り込まれたとき、シアノバクテリアはまだ独立した生物である。シアノバクテリアが体内にあるかどうかなど、大きな違いではない。

たとえば、先に紹介したウミウシの仲間は、エサといっしょに葉緑体を取り込む。それでは、葉緑体を取り込んだウミウシと取り込まなかったウミウシは、大きく異なるかと言われれば、そんなことはない。どちらも同じウミウシの仲間である。

実際に葉緑体を取り込んだウミウシも、葉緑体を取り込み続けなければ、やがて体の中から葉緑体は失われてしまう。

葉緑体を含むエサを食べたから別の種類と見なすというのは、何とも奇妙な話だ。

誰にもわからないミステリー

あるいは、こんな例はどうだろう。

たとえば、水虫は水虫の菌が体内に感染して起こる。水虫菌に感染したら、別の生物になってしまうのだろうか。

あるいは飲料のヤクルトは、「乳酸菌 シロタ株（ヤクルト菌）」が入っている。そうだとすると、ヤクルトを飲んでヤクルト菌が腸内細菌として棲みつけば、私たちは別の生物になってしまうのだろうか。

シアノバクテリアが、細胞内に共生したとき、それは、シアノバクテリアが共生している単細胞生物と、共生していない単細胞生物でしかなかった。

植物と動物の起源は明確に異なる、というほど大袈裟《おおげさ》な差ではなかったに違いない。そうだとすると、植物と動物とは、どのようにして分かれたのだろうか。そして、植物の祖先は、いつから植物となったのだろう。

何しろ数十億年も昔の話である。

もう誰にもわからない話だ。

植物と動物は違うように見えるが、いつどのように袂《たもと》を分かつようになったのかは、明確にわかっているわけではないのだ。

進化の不思議

植物の起源に比べれば、私たち哺乳類の進化はじつに明快である。

哺乳類はもともと、小さなネズミのような存在だった。その共通祖先種から、さまざまな哺乳類が進化を遂げていったのである。

私たち人類もその進化の先端にある。

私たち人類はサルの仲間から進化を遂げたと言われている。

人類はサルの仲間というには、あまりに異なる進化を遂げている。

何しろ、これだけの科学文明を発達させて、文字や言語を使いこなしている。人類というのは、本当に特別な存在なのだ。

それでは、この人類はいつから他の生物と袂を分かつようになったのだろう。

人類の祖先は、およそ五〇〇万年から三〇〇万年ほどの昔にアフリカに誕生したと言われている。

いったい、どんなドラマがあったのだろう。

さまざまな化石が発見されて、人類史の研究は進んでいるが、私にできることは、遠い昔に思いを馳《は》せることくらいである。

私はコーヒーカップを手に取った。

しかし、考えてみると、この話もおかしい。

人類はサルから進化したと言われているが、あるとき突然、サルのお母さんから、人間の赤ちゃんが生まれたのだろうか。

もちろん、そんなはずはない。

サルからはサルの赤ちゃんが生まれる。そして、人間のお母さんは人間であるはずである。そうだとするとサルと人間の境目はどこにあるのだろうか。

生物の進化というものは、劇的に起こるわけではなく、少しずつ変化をしていくと考えられている。

たとえば、キリンの祖先は首が短かった。

しかし、その祖先の中から、仲間より少しだけ首の長い変わり者が現れる。そして、その変わり者の子孫の中から、さらに少しだけ首の長い個体が現れる。こうした小さな違いを積み重ねていくことで、長い年月の末に「キリン」という首の長い生き物が誕生したのだ。

しかし、そうだとすると、首の短いキリンの祖先と、首の長いキリンとの間には明確な境目はないことになる。

火曜日の答え

私たちは川を上流と中流と下流とに分ける。

しかし、川は上流から下流に向かってずっと切れ目なく流れているから、実際には上流と中流と下流の明確な境目はない。

上流と下流とは明らかに違うように思えるが、明確な境目はないのだ。

私の研究室の窓からは中庭の向こうに富士山が見える。

しかし、富士山はどこまでが富士山なのだろうか。

富士山と富士山以外に明確な区別はない。

富士山のすそ野は、どこまでも広がっている。その地面はどこまでも続いている。何の境目もなく続いているということは、富士山を遠くに望むこの場所も富士山であると言えるのではないだろうか。


富士山のすそ野は、どこからどこまでが富士山なのだろう？


アフリカのキリマンジャロも、どこからどこまでがキリマンジャロであるという明確な境目はない。そしてアフリカとこの場所も陸続きになっている。そうだとすると、私の研究室があるこの場所も、キリマンジャロであるとも言えることになってしまう。

日本は島国だから海で隔てられているようにも思えるが、海の底ではつながっている。

もし、海が境目だとするならば、地続きになっている朝鮮半島までがキリマンジャロで、日本列島はキリマンジャロでないという区別が正しいのだろうか。

富士山とキリマンジャロの区別がつかないとすれば、サルと人間の区別もあやしい。

それどころか、動物と植物との区別も明確ではない。

富士山とキリマンジャロのように、見た目では明らかに違うもののように思えても、その境界をはっきりとさせることができないのである。

じつは何の境目もない。

それなのに、私たち人間が勝手に境目を作っているだけなのではないだろうか。


私は冷め切ったコーヒーを飲み干した。


「Re：質問です」

私は返信をした。


「動物と植物の違いはわかりません。それどころか、人間と植物の違いさえ私にはわからなくなってしまいました。もしかすると植物は私たちのことを見て、こう思っているかも知れません。『パソコン打ったりして、あいつ、ずいぶん変わったサルだな』」

水曜日

草って何?

草のスピード感

水曜日は私にとって、もっとも忙しい日だ。

何しろ、水曜日は午前と午後に授業がある。しかし、水曜日を過ぎれば、一日一日、週末が近づいてくる。

水曜日は頑張りどころなのだ。


「草って何ですか？」


今朝の楠木さんからの質問である。

やれやれ、だんだん質問の質も下がってきたようだ。

それにしても、どうして、毎日、質問してくるのだろう。

水曜日のどちらかの授業への質問だとわかっていれば、授業内で回答することもできそうなものだが、どうやら、授業に対する質問でもなさそうだ。

それにしても、「何ですか？」という聞き方は、大学生とは思えないほどひどい。

（「どういう意味ですか？」と私が聞きたいよ）

最近では、「笑い」のことを「草」というらしい。

笑い（WARAI）の頭文字である「W」を重ねて打って、笑っていることを表現すると、wwwとまるで草が生えているように見えることから、笑いのことを「草」、笑ったということを「草が生えた」というらしいのだ。

まさか、楠木さんは、私のことを試しているのだろうか。

若者言葉のわからない私も、さすがに、それだけは知っている。

何しろ、私は植物学者なのだ。

聞いたところによると、（笑）という表現は昔からあったが、パソコンで入力するのに手間が掛かるため、「W」という略語が使われるようになったらしい。

wwwwwwとWの数によって、笑いの程度を表せるのも、この表記の優れたところだ。

ところが、スマートフォンが普及してくると、日本語を英文字入力に切り替えてW

と打つよりも、日本語の文章のままで「草」と入力した方が早い。そのため、「草」という言葉が使われるようになったという。

じつに面白い話だ。

というのも、植物の「草」もまた、スピード感を求めてたどりついた形だからである。

植物の「草」に対して、「木」がある。

専門的には草を草本《そうほん》植物というのに対して、木は木本《もくほん》植物という。

それでは、草と木とは、どちらが進化した形なのだろうか？

草と木の意外な関係

木は複雑に枝を張り巡らせながら幹を太くし、大きく成長する。草は単純な形で、一年か数年で枯れてしまう。

進化というのは、一般的には単純なものから複雑なものへと変化していく。

たとえば、単純な単細胞生物は、複雑な多細胞生物になる。首の短かったキリンの祖先は、やがて首の長いキリンとなり、犬ほどの大きさしかなかった生物がやがてウマへと進化をする。

そう考えると、小さくて単純な草よりも、大きくて複雑な木の方が、より進化しているようにも思える。

しかし、実際には逆である。

草の方が木よりも進化した形である。

木から草が進化をしたのだ。

裸子植物と被子植物

確かに、生物の大きな進化の流れは、単純な単細胞生物から複雑な多細胞生物が誕生したことに始まる。

植物も同じである。水を漂う単純な藻類が地上に進出したとき、それは、コケのように根と茎の違いもはっきりしていないような単純な植物だった。

ところが、その後、シダ植物に進化をすると、すでに高さ数十メートルの巨木となっていた。そして、シダ植物から進化を遂げた裸子植物も、巨大な木々として森を作っていた。

光を浴びるためには背が高い方が有利である。そのため、競い合って光を求めていくうちに大型化していったのである。さらに巨大な草食恐竜が出現すると、簡単には食べられないように植物も巨大化していった。こうして、巨大な木へと植物は進化していったのである。

やがて事件が起きる。

それが被子植物の出現である。

裸子植物と被子植物は、漢字一文字しか違わない。しかも、その漢字もよく似ている。

しかし、裸子植物と被子植物は、その意味は大きく異なる。

「裸」という字は、何も着ていない「はだか」を意味するのに対して、「被」という字は、服を着ているという意味なのである。

学校の理科の教科書では、裸子植物は「胚珠《はいしゅ》がむき出しになっている」のに対して、被子植物は「胚珠が子房《しぼう》に包まれ、むき出しになっていない」と説明されている。

裸子植物は、胚珠がむき出しになっているから「裸《はだか》」の文字が使われて「裸子」と名付けられた。これに対して、被子植物は胚珠が包まれているから、「被《かぶ》る」の文字が使われて「被子」と名付けられたのである。

私が中学生のとき、理科の授業でそれを習ったときには、胚珠がむき出しになっているかどうかという違いが、そんなに大事なことには思えなかった。むしろ、どうでも良いことのように思えたのを覚えている。

最近の受験は思考を問う問題が多いと言われているが、受験科目における「生物」は、暗記科目であると言われている。生物は理科の中でも覚える用語が多いためだ。しかも、その用語を問う問題が多い。

しかし、それらの用語は学者たちが勝手に名付けただけのものだ。

用語があろうとなかろうと、生物はそこに生きていて、ダイナミックな生命活動を行なっている。そして、生物の持つさまざまな生きる仕組みには、必ず生きるための意味があるのである。

そして、私たち人間も、その生命活動を行なう生物である。

そんな生物学が面白くないはずがない。


裸子植物から被子植物への進化も植物にとっては、革命的な大事件である。

それは、スピード時代に対応するための画期的な「イノベーション」だったのだ。

被子植物はなぜイノベーションなのか？

胚珠というのは、タネのもとになる植物にとって大切なものである。

裸子植物は、その胚珠がむき出しになっているのである。ただし、成熟した胚珠を雨風にさらしておくわけにはいかない。そのため、裸子植物は、花粉がやってきたことを確認してから、胚珠を成熟させて受精の準備を始めるのである。

ところが被子植物は、違う。

被子植物は、胚珠が子房の中に大切に守られているのである。

そのため被子植物は、花粉が来るよりも前に、あらかじめ成熟した胚を子房の中に準備しておくことができる。そのため、花粉が来れば、すぐに受精をしてタネを作ることができるのである。

私の授業では、これを老舗のうなぎ屋とファストフードの牛丼屋に喩《たと》える。

老舗のうなぎ屋は、注文を受けてからうなぎをさばき始めるので、うな重ができあがるまでに時間が掛かる。これが裸子植物である。

一方、ファストフードの牛丼屋では、あらかじめ牛丼の具が用意されている。そのため、客が来ればすぐに牛丼が出てくる。これが、花粉が来ればすぐに種子を作ることができる被子植物である。

事前に準備しておければ、それだけ時間を短縮することができるのである。

注文をすればすぐに出てくる牛丼屋のスピード感こそが、被子植物のスピードなのである。

実際に、裸子植物では、花粉がたどりついてから受精をするまでに、数ヵ月から一年以上を必要とするのに対し、被子植物では、遅くとも数日で受精が可能である。

早ければ数時間で受精を完了してしまうこともある。

驚異的なスピードアップを実現しているのである。

被子植物はものすごいイノベーションである。

このイノベーションを果たした被子植物は、次々に種子を作り、次々に世代交代を進めていく。

生物は親から子へ、子から孫へと世代交代を繰り返していく中で進化をしていく。そのため、世代交代が短期間で進めば、それだけ短い期間で進化が進むことになる。

こうして、世代交代のスピードを速めることによって、植物の進化もまた、スピードアップしていったのである。

そして植物は小さな草に進化した

どうして、このようなスピードアップが行なわれたのだろうか。

それは、この時代の環境が影響していると考えられている。

被子植物が出現したのは、白亜紀の末期であると考えられている。これは恐竜時代の終わりごろのことだ。

この時代になると、それまで地球上に一つしかなかった大陸は、マントル対流によって分裂し、移動を始めた。そして分裂した大陸どうしが衝突すると、ぶつかった歪《ゆが》みが盛り上がって、山脈を作る。すると山脈にぶつかった風は雲となり、雨を降らせるようになる。こうして地殻変動が起こることによって、気候も変動し、不安定になっていったのである。

つまり「変化の時代」がやってきたのだ。

そのため、植物は変化の時代に対応するために、スピードに優れた被子植物へと進化を遂げたのである。

そして、被子植物が出現したことで、植物の進化のスピードアップは加速していく。被子植物が進化する中で手に入れたものが、花びらを持つ美しい「花」である。

植物は美しい花を咲かせて、花にはさまざまな昆虫がやってくるのは当たり前に思えるかも知れないが、そうではない。

たとえば裸子植物は、風に乗せて花粉を運ぶ。そのため、裸子植物の花は、美しく咲く必要がない。ただ、風でばらまくだけである。

しかし風まかせで受粉させるのは確実性が低い。

一方、昆虫が花から花へと花粉を運んでくれれば、確実に花粉が届く。そのため、被子植物は、美しい花を咲かせるような進化をしていったのである。
そして、被子植物の進化はさらに進んでいく。

それが「草」への進化である。

木は何年も掛けて大きく育つ。しかし、それでは環境の変化についていくことができない。そのため、短い期間で子孫を残す草に進化することによって、スピードアップを図ったのである。

単純で小さなものから複雑で大きなものになることが進化のようにも思えるが、何も、大きく複雑になることばかりが進化ではない。より小さく、より単純になるという進化もある。

たとえば、ヘビは、もともと四本足の動物だったが、狭いところや土の中で自在に動けるように余分な足がなくなった。これも進化である。あるいは、人間の祖先であるサルは、おそらく尻尾を持っていたが、現在は、尾てい骨という尻尾の痕跡だった骨だけを残して、尻尾はなくなっている。これも進化である。

そして、植物は大きな樹木から、小さな草へと進化を遂げたのである。

どうして長寿より短命を選んだのか？

（それにしても一〇〇〇年生きることができるのに、一年で枯れる方を選ぶなんて……）

私は窓の外を見た。中庭の大木が枝を揺らしている。

植物の木は何年も生きることができる。大きな木は樹齢一〇〇〇年を超すこともある。

木はとても長生きな植物なのだ。

一方、草の命は短い。春に芽を出して、秋には枯れてしまうように、一年以内で生涯を終えてしまうものも多い。

不思議なことに、植物は一〇〇〇年生きる命から、一年から数年で枯れてしまう命に進化をしたのである。

（私なら、間違いなく一〇〇〇年生きることを選ぶだろう）

私は死にたくない。できれば、長生きしたいと願っている。

少し冷めていて、苦味が立っている。

私はコーヒーを飲んだ。


すべての生物は死にたくないと思っている。少しでも長く生きたいと切望している。

それなのに、すべての生物は死ぬ。

そして、植物はどうだろう。

植物は望めば一〇〇〇年も生きることができるのに、どうしてわざわざ一年で枯れてしまうような「短い命」へと進化したのだろうか。

これは本当に不思議なことである。


誰もが長生きしたいと思っているのに、どうして植物は短い命へと進化をしたのだろう？

植物が手に入れた「確実性」

人の一生はマラソンレースに喩えられる。

これはすべての生物にとって同じだろう。

もし、一〇〇〇キロメートルを走り切れと言われたらどうだろう。

途方もなく長い距離に感じられることだろう。

生物の使命は、次の世代へバトンを渡すリレーのようなものである。

バトンを渡す相手が一〇〇〇キロメートル先に待っているという状況は大変だ。しかも「生きる」というレースは平坦《へいたん》な道を走ることではない。山あり谷ありの障害物だらけのコースである。

病院も薬もあって、天敵に襲われる心配がない人間と違って、自然界に生きる生き物たちは、いつ病気になるかもわからないし、天敵に襲われて命を落とすかも知れない。

無事に命のバトンを次の世代に渡すことは簡単ではないのだ。

一〇〇〇キロメートルではなく、フルマラソンの四二・一九五キロであれば走り切ることができるだろうか。それも、それがどれだけの難コースかによるだろう。

しかし、それが一〇〇メートルだったら、どうだろう。一〇〇メートルくらいであれば、全力で走り抜くことができそうだ。これが二〇メートルだったらどうだろう。多少の障害が待ち構えていたとしても、二〇メートルくらい先であれば、確実にバトンがつなげるような気がする。

植物も同じである。

たとえ一〇〇〇年生きることができたとしても、一〇〇〇年の寿命を全うすることは難しい。しかし、一年であれば、次の世代にバトンを渡すことができる。こうして、植物は寿命を短くし、次々にバトンを渡していく進化を遂げたのだ。

すべての生物は死にたくないと思っている

(限りある短い命を選択した)

私はコーヒーを飲んだ。

冷めたコーヒーは、舌の上に苦味が残る。しかし、私は苦いコーヒーは嫌いではない。

コーヒーの苦味は、カフェインという物質だ。

カフェインは、コーヒーやお茶に含まれる苦味物質だが、もともとは、病原菌や害虫から身を守るために、植物自身が作り出す物質だ。

コーヒーは、コーヒーノキという植物の種子から作られる。また、お茶もチャノキという植物の葉から作られる。コーヒーノキやチャノキは、病原菌や害虫から身を守るためにカフェインを作り出すのである。

カフェインだけではない。

動けない植物は病原菌や害虫から身を守るために、さまざまな化学物質を作り出している。植物も生き抜こうと必死なのだ。

（植物は短い命を選択している。それなのに、結局長生きしたいのか……？）

しかし、それは植物だけではないだろう。

それは、動物も同じである。

すべての生物は死にたくないと思っているはずである。動物であればエサを探し回り、敵に襲われれば必死に逃げる。

生物たちが懸命に生きようとしているのは、死にたくないからだ。

それでも、すべての生物に寿命はある。

それは次の世代にバトンを渡すためだ。

生物は生と死を繰り返しながら、生命のバトンを渡し続けていく。

生物は、永遠であり続けるために、限りある命を持ったのだ。

水曜日の答え

とはいえ、疑問は残る。

草は、もっとも進化した形である。

一〇〇〇年生きる木は古い形である。

それなのに、どうして現代でも、古いタイプである「木」は存在するのだろう。

恐竜が滅んでしまうように、古い生物がすべて滅んでしまうわけではない。

たとえば、植物は水の中に漂う海藻のようなものから、コケ植物が進化を遂げ、シダ植物、裸子植物、被子植物と進化を遂げたと教科書で習った。

しかし、現代でも海藻もあれば、コケ植物もある。

同じように私たち脊椎動物も、魚類から両生類が進化し、両生類から爬虫類《はちゅうるい》が進化し、爬虫類から鳥類や哺乳類が進化をしたと習ったが、古いタイプである魚や両生類が絶滅しているわけではない。魚は魚なりに、両生類は両生類なりに進化を遂げている。

何も、新しいタイプになれば良いというものでもないのだ。

植物もコケ植物からシダ植物に進化をするという道筋もあれば、コケ植物として進化をするという道筋もある。こうして、現代では、さまざまな植物が共存しているのである。

木と草も同じである。

確かに進化の道筋を考えると木よりも草の方が新しいタイプであるが、けっして木がダメであるということではない。より変化が大きいところでは、スピード重視の草の方が有利であるが、安定した環境では競争力に勝る木の方が適している。草には草の適した環境があり、木には木の適した環境があるのだ。

しかし、と私は冷め切ったコーヒーを飲み干した。

そうだとすると、長く生きることも、短く生きることも、生物の戦略でしかない。私たち動物にも短く生涯を終えるものもあれば、長く生きるものもある。しかし、寿命もまた、生物の戦略ということなのだ。

「Re：質問です」

私は返信をした。

「草って不思議です。命のバトンを限りなくつないでいくために、草は短い命を選んだ植物なのです。植物も私たちのことを見て、こう思うことでしょう。『必ず死ぬのに、寿命を延ばそうと懸命になっている人間って、不思議な生き物だな』」

木曜日

木は何本あるのか？

春の風物詩にまつわる疑問

今朝も楠木さんから質問のメールが来た。

それにしても、楠木さんはずいぶんと熱心だ。

いったいどんな学生なのだろう。

名簿で名前を探してみようかとも思ったが、やめておいた。

私は週に三コマほど授業を持っているが、どの授業も一〇〇人以上が受講しているので、とても、全員の名前と顔を覚えられるものではない。

楠木さんが、どの授業を受けているかもわからないし、名簿を見たところで、何もわかるわけではないのだ。

しかも、授業によっては、さまざまな学科の学生が受講しているが、どういうわけか学科ごとに受講者名簿が作られていたりする。そのため、学科のわからない楠木さんの名前を探すためには、何枚も名簿を見なければならない。それはとても、面倒な作業だ。

しかも木曜日の午後は、毎週、何かしらの会議があるので、自分の仕事ができるのは午前中しかない。とても余計な作業をしている時間はない。

できるだけ手際よく、メール処理を終えなければならないのだ。

今朝の楠木さんからの質問はこうだ。

「桜並木にサクラは何本あるのでしょうか？」

「桜並木？」

どういうことだろう。大学の「桜坂」の桜並木のことだろうか。

私の大学は正門のところにサクラの木が植えられている。正門を入ると少し上り坂になっているので、「桜坂」と呼ばれている場所だ。入学式のときには、新入生たちが写真を撮るスポットだ。

もっとも、サクラの開花時期は、最近では早まって年によっては卒業式の時期に咲いてしまうこともある。

サクラの開花には温度が関係している。そのため、気候変動による平均気温の上昇で開花時期が早まっているのだ。

一方、サクラの開花には冬の低温も必要である。ただ暖かいだけでは、秋の終わりの小春日和や、冬の暖かい日に咲いてしまう恐れがある。そのため、一定期間、冬の低い温度を経験してから花が咲くような仕組みになっているのだ。

平均気温の上昇によって、暖かい地方では、低温が不十分で、逆にサクラの開花が遅れたり、あるいはうまく咲かないことさえある。

桜前線は、昔は南の方から順番にサクラの開花の便りが届き、次第にサクラの開花が北上しながら、春の訪れを伝えていったものだが、最近では、北の方が先に咲くこともあるし、順番に北上していくというよりは、各地で同じ時期に咲き始める。

春の風物詩にも気候変動の影響が出ているのである。


さて、サクラの木の数である。

(面倒くさいから、てっとり早く、大学の桜並木の話で回答してしまおう)

とはいえ、大学の桜並木のサクラの木の数を数えたことがあるわけではない。桜並木とは言っても、正門の守衛の詰め所から駐車場までの距離だから、そんなにたくさんの木が植えられているわけではない。

満開になると圧巻だが、木の数としてはそんなにはないはずだ。

とはいえ、左右合わせれば、一〇本くらいはあっただろうか。

二〇本はなかったと思う。いや、意外と少なくて一〇本もないかも知れない。

毎日、通っている道なのに、あらためて思い返そうとしても、まったく記憶がない。いかにボーッとしているか、ということなのだろう。

数えに行こうかとも思ったが、それも面倒くさい。

(そもそも、どうして私が数えに行かなければならないんだ。自分で数えればいいじゃないか！)

とりあえず、「一〇本から二〇本くらいです。」と回答してしまおうと、返事を書きかけたとき、「待てよ」と思い立った。

そんなこと、自分で数えれば良いだけの話である。

「桜並木にサクラの木が何本あるのか？」は教授に質問するようなことではない。

何か意味があるのだろうか。

それとも、何か私を試そうとしているのだろうか。

ソメイヨシノの特殊性

全国的に桜並木として植えられているサクラはソメイヨシノという品種である。

ソメイヨシノは「染井吉野」である。

染井は、江戸の染井村（現・東京都豊島区駒込）に由来している。江戸時代、染井村は植木屋が集まる園芸の町であった。その染井村の植木職人が作り出した品種がソメイヨシノなのである。吉野は、奈良県の吉野である。吉野は桜の名所として昔から有名であった。そのため、「吉野桜」のブランドにあやかって「染井村の吉野桜」として売り出されたのがソメイヨシノなのである。

日本発祥の料理なのに、スパゲティの本場であるイタリアのナポリにあやかって、ナポリタンスパゲティというようなものだろう。

ともかくソメイヨシノは、全国各地に植えられていった。

現在、お花見用に植えられている桜の木は、ほとんどがこのソメイヨシノである。

ソメイヨシノは成長が早く、手入れも簡単で育てやすい。

しかし、ソメイヨシノの特徴はそれだけではない。ソメイヨシノは、他のサクラとは大きく異なる特徴がある。それが、葉が出る前に花が咲く、ということである。

サクラは花が咲き終わって、散ってから葉っぱが出てくると思うかも知れないが、そうではない。

たとえば、花札の桜の札を見ると、咲き乱れる桜の木には葉が描かれている。

あるいは、ラグビー日本代表のユニフォームは、「桜のジャージ」と呼ばれている。そのエンブレムはサクラだ。このエンブレムを見ると、サクラの花が咲いている枝に、葉っぱが出ている。

これは、日本に一般に生えているヤマザクラの特徴である。ヤマザクラは、葉が出てから花が咲くのだ。

ところが、ソメイヨシノは違う。ソメイヨシノは葉が出る前に、花だけが咲くのである。

ソメイヨシノは、エドヒガン系のサクラとオオシマザクラの交配によって生み出された。葉が出る前に花が咲くのは、エドヒガンの特徴である。しかし、エドヒガンは花が小さく、花の数も少ないので、あまり目立たない。ところが、ソメイヨシノは花が大きく、花の数も多いので、枝が見えないほどに、一面に咲くのである。

タネで殖やすか、枝で殖やすか

このソメイヨシノは、大人気となり全国に植えられていった。

問題は、その殖《ふ》やし方である。

植物の木は、種子から育てようとすると、木が大きくなるのに長い年月が掛かってしまう。

さらに、種子で殖やすことには問題がある。

種子は、その木の子どもではあるが、親と同じ特徴を持つとは限らない。

たとえば、私たち人間でも親と子はよく似ているが、親子は同じではない。

親がスポーツマンなのに、子どもはスポーツが苦手だったりすることもある。また、同じ親から生まれた兄弟でも、性格が違うということも起こる。

ソメイヨシノを種子で殖やすと、ソメイヨシノに似たサクラは咲くかも知れないが、ソメイヨシノとまったく同じサクラが咲くわけではない。

アサガオやヒマワリのような草花は、タネをまけば期待するような花が咲くが、それはタネをまいてもバラつかないように、「固定」という工程が行なわれているからである。

固定の作業は大変である。たとえば、背の低いミニヒマワリの品種を作り出したとしよう。しかし、そのヒマワリの子は背の高いヒマワリも低いヒマワリもある。そこで、背の低いヒマワリを選び出す。その背の低いヒマワリの子も高かったり、低かったりする。そこで、再び背の低いヒマワリを選び出す。

この作業を繰り返すことによって、もともと作り出したミニヒマワリに近い子が安定的に出現するようにするのだ。

それでも、何年か世代を経ると、またバラツキ始めるから、種苗会社などで品種を維持するためには、背の低いミニヒマワリを選び続けるという作業が必要になる。

ヒマワリは一年草だから、毎年、選抜を繰り返すことができるが、花が咲くまでに何年も掛かるような木では、このような作業を繰り返すことは難しい。

そこで、木を殖やす方法として用いられるのが「挿《さ》し木」や「接《つ》ぎ木」という方法である。

挿し木は、枝を取って、それを土に挿す方法である。

地面に挿した枝は、やがて根を出す。そして、一本の木として成長を始めるのである。この方法であれば、タネで殖やすよりも、ずっと短期間で苗木を育てることができる。しかも、取ってきた枝は、元の木の分身だから、親とまったく同じ性質を持った木を殖やすことができるのだ。

ソメイヨシノはクローン

植物の木は、古くから挿し木によって殖やされてきた。

たとえば、次郎柿という柿は、江戸時代に松本治郎という農家が、川原で拾ってきた柿の幼木に由来している。拾ってきた一本の木から、柿の木をどんどん殖やしていったのだ。

また、ミカンの木やバラの木などでは、一本の枝だけが突然変異を起こす「枝変わり」という現象がある。この枝を殖やすことで、新しい品種を作ることができるのだ。

このように種子で殖やすのではなく、植物の一部から植物を殖やすことは「栄養繁殖」と呼ばれている。植物の根、茎、葉のような器官は、栄養器官と呼ばれている。種子で殖やすことを種子繁殖というのに対して、栄養器官で殖やすので栄養繁殖と呼ばれているのである。

ソメイヨシノも栄養繁殖で殖やされた。

つまり、殖やされた苗木のすべては、親の木の分身である。いわば、元の木のクローンなのである。

孫悟空は一人か二人か？

楠木さんの質問は、「サクラの木が何本あるか？」だった。

一本のサクラの木の枝から栄養繁殖で殖やした場合、サクラの木は、二本になったと言えるのだろうか？

たとえば、髪の毛は私の分身である。

髪の毛でDNA鑑定ができるように、髪の毛もまた私と同じDNAを持つ存在である。

もし、一本の髪の毛が抜けたとしたら、それは私が二つになったというのだろうか。

いや髪の毛は、死んだ細胞に過ぎない。植物で言えば枯れ葉が一枚落ちたようなものだ。

それでは孫悟空はどうだろう。

『西遊記』の主人公である孫悟空は、毛を抜いて息を吹きかけると分身を作ることができる。そして、分身を助っ人《すけと》にして戦うのだ。

髪の毛から分身を作り出したとしたら、孫悟空は二人になったというべきなのだろうか。それとも、それでも孫悟空は一人なのだろうか。

（それにしても、考え事をするとどうしてお腹《なか》が空くのだろう）

考え事をするとお腹が空くのは、脳がそれだけエネルギーを消費しているからなのだろうか、それともストレスを感じて何かを食べたくなるのだろうか。

出勤する前にしっかり朝食を食べてきたばかりなのに、何となく空腹を覚える。空腹感に襲われると、気が散って考えることに集中できない。そのため、私は机の上に常にお菓子を置いている。

そういえば、昨日のゼミの残りの煎餅が一枚あった。

これを食べてしまおう。

煎餅は緑茶のお供というイメージが強いが、コーヒーにも意外と合う。

私は大きな煎餅を二つに割った。

（さて、二つに割った煎餅は二枚になったと言えるのだろうか。それとも、やっぱり一枚というべきなのだろうか……）

二つに割っても、やっぱり一枚という気がするが、割れた煎餅がそれぞれ再生したとしたら、どうだろう。それは二枚になったということだろうか。

再生する前は一枚で、再生した後は二枚になったのだろうか？

お腹が空いていて、慌てて食べてしまったせいだろうか、机の上に割れた煎餅の破片がこぼれてしまった。そのまわりには小さなくずが散らばっている。

（もし、このくずがすべて再生したとしたら、どう数えれば良いのだろう……）
煎餅ではあり得ないかも知れないが、植物ではあり得る話だ。

大学教授の非常食

植物は、人工的に殖やさなくても、自然でも栄養繁殖で増えることがある。
たとえば、芋は代表的な栄養繁殖器官である。たとえばジャガイモは地面の下にたくさんの芽をつける。その芋の一つ一つは芽を出して、ジャガイモの植物体に育っていく。

（それにしても、今日はやけにお腹が空く）

私はバナナを手に取った。
じつは、私の机の上には、お菓子といっしょにバナナも置いてある。
大学の先生の仕事は意外と不規則で、昼食をまともに食べられないときも多い。たとえば、水曜日は午前中の最後と午後の最初に授業がある。そのため、昼休みのうちに午後の授業の準備をしなければならない。午前の授業後に学生が質問に来たりすれば、ほとんど昼食を食べる暇はない。

あるいは、午前の会議を終えて研究室に戻ってくれば、研究室の学生が待ってましたとばかりにデータを見せに来たり、研究に関する質問に来たりする。大学の先生にとって昼休みは、意外と忙しい時間なのだ。

そのため、昼食をとれないときの非常食として、私は机にバナナを常備しているのである。バナナであれば、わずかな時間で食べることができるし、結構、腹持ちもいい。

もっとも、手の届くところに食べ物があると、ついつい食べてしまうのが人情で、昼食休憩になる前にバナナに手を出してしまうことも多い。

まだ出勤したばかりではあったが、私はバナナの皮をむいてほおばった。

コーヒーに合うところも、バナナの優れたところだ。

そういえば、バナナも栄養繁殖である。

バナナと温州ミカンの共通点

バナナは植物の果実である。

しかし、バナナには種子がない。

もともと植物の果実は、鳥などに食べさせて種子を散布させるためのものである。鳥が果実を食べると、果実の中の種子もいっしょに食べる。種子は消化器官を通って糞《ふん》といっしょに体外に排出される。この間に、鳥が移動するので、種子は遠くへ移動して散布されることになるのである。

植物の果実は食べられるために、甘く熟しているのだ。熟した果実が鮮やかな赤色や黄色をしているのも、鳥たちに目立たせるためである。一方、種子が熟していない未熟な果実は、食べられては困る。そのため、未熟な果実は目立たない緑色をして葉っぱの陰に隠れていて、食べられないように苦味や酸味などを持って身を守っている。

果実は種子のために作られるものである。そのため、果実は必ず種子を持っている。そして種子が未発達だと、果実は大きくならなかったり、甘味が少なかったりするのがふつうなのだ。

もっとも、人間が改良した果物には、タネのないものもある。

たとえば、温州《うんしゅう》ミカンはタネがない。

じつは温州ミカンは花粉が受粉しなくても実が大きくなるという特殊な性質を持っている。そして、受粉しないままに大きくなった果実は種子を持たないのである。温州ミカンも受粉をすれば種子を作るが、温州ミカンはさらに花粉が発達しないという特徴を持っている。そのため、温州ミカンは花粉がつくことがなく、タネなしの果実となるのである。

もちろん、タネのない果実を作ることは、植物としては重大な欠陥である。しかし、ミカンを食べる人間にとっては都合が良い。そのため、人間はこの温州ミカンを大切に育てているのである。

人間に利用されていると言えば、そのとおりだが、これは温州ミカンにとっても、悪い話ではない。

そもそも、植物が種子を作るのは、殖えるためである。しかし温州ミカンは、種子など作らなくても、人間が勝手に殖やしてくれるのだから、これは温州ミカンにとっても都合が良いのだ。

もっとも江戸時代には、タネがないのは子孫が増えないことを連想させて縁起が悪いと言われて、タネなしの温州ミカンは人気がなかったというから面白い。

減数分裂と三倍体

他にも種子のない果物はある。

たとえば、ブドウにもタネなしブドウがある。タネなしブドウは、もともとは種子を作る品種だが、人工的な処理によってタネなしにしている。ジベレリンという植物ホルモンは、花粉の働きを阻害し、果実の肥大を促進する作用がある。そのため、ブドウの房をジベレリンの液につけることでタネなしにすることができるのである。

そういえば、タネなしスイカというものもあった。

タネなしスイカも人工的に作られる。

多くの生物は二倍体である。たとえば、私たち人間は染色体を四六本持つと言われている。染色体は二本でペアになっているので、四六本の染色体は、二三組の対の染色体から構成されていることになる。染色体のセットがペアになって二倍の数あるから二倍体なのだ。

この二三組の染色体は、精子や卵子になるときにペアが分かれて二三本ずつになる。これが減数分裂と呼ばれるものである。

植物も花粉や、種子の元になる胚珠となるときに減数分裂が起こる。そして、花粉と胚珠が受精することで、元の二倍体に戻るのだ。

ところが、タネなしスイカは、まず減数分裂が起こらないような処理をする。すると、二倍体の花粉と二倍体の胚珠が受精して四倍体の植物となる。この四倍体のスイカに、通常の二倍体のスイカを交配することで、三倍体のスイカを作るのだ。つまりは、（四倍体÷2）＋（二倍体÷2）＝三倍体となるのである。

こうして作られた三倍体のスイカは、染色体が三つで一セットとなるため、花粉や種子ができるときに、半分に分かれることができない。そのため、花粉や胚珠が作られずにタネなしとなるのである。

三倍体の動物がいない理由

バナナは、この三倍体である。そのため、タネができないのである。

じつは、バナナはもともと二倍体の植物で、種子ができる。実際に現在でも、野生のバナナは、果実の中にぎっしりと種子を作る。

ところがあるとき、タネなしスイカと同じことが自然に起こって、三倍体のタネなしのバナナが誕生した。これが、私たちが現在、食べているバナナなのである。

植物の世界では、タネなしスイカと同じような現象が自然に起こって、三倍体が生まれることがある。というよりも、むしろ先に紹介したタネなしスイカの技術こそが、この三倍体バナナをヒントに作られたものなのだ。

動物は必ず二倍体である。仮に三倍体の動物がいたとしても、子孫を残すことができないから簡単に絶えてしまう。

ところが、植物は違う。たとえば、ヒガンバナは三倍体の植物である。三倍体だから種子を作ることはできないが、ヒガンバナは球根で殖えるから、絶えることなく咲き続ける。

サトイモの中にも三倍体の品種がある。三倍体だから種子はできないが、サトイモは芋で殖えるから絶えることはない。もっとも二倍体の品種も、原産地の熱帯では花を咲かせるが、日本でサトイモが花を咲かせることはない。

もともと、サトイモは芋で殖やすのだから、種子は必要ないのだ。

残念ながらスイカは種子を残すと一年で枯れてしまう一年生の植物なので、人工的に三倍体のスイカを作り続けなければならないが、球根や芋などで栄養繁殖する多年生の植物であれば、タネを作る必要はないのだ。

バナナは球根や芋は作らないが、多年生の植物で株の横から新しい芽を伸ばしてくる。この新しい子株を切り離して株分けをすれば、いくらでも殖やすことができるのだ。

こうして、三倍体のバナナが殖やされて、栽培されているのである。

それでも種子を作るのはなぜか？

しかし、不思議なことがある。

植物は種子を作らなくても、栄養繁殖で殖えることができる。

じつは、種子で殖えることは、植物にとっては、なかなか面倒くさいことである。まず、種子を作るためには花を咲かせなければならない。花粉を運ぶ昆虫を呼び寄せるために、蜜も用意しなければならない。なかなかコストが掛かるのだ。

こうして花を咲かせたとしても、昆虫がやってこなければ受粉ができない。何とか種子を生産したとしても、小さな種子が生き延びることは簡単ではない。もしかすると、せっかく残した小さな種子は全滅してしまうかも知れない。種子で殖えることはコストが掛かる上に、リスクも大きいのだ。

一方、栄養繁殖であれば、自分の分身を作るだけである。

自分が成長していくことが、栄養繁殖につながるのだ。

わざわざ新しい種子を作ることに比べれば、ずっと簡単である。

そうだとすれば、どうしてすべての植物は栄養繁殖をしないのだろう。

どうしてクローンで殖えないのだろう。

栄養繁殖の危険性と種子繁殖の利点

私はバナナを食べ終えた。

昔からバナナは見慣れているので、バナナはフルーツであり、食べ物としてしか認識していない。しかし、まじまじとバナナを眺めると、確かにバナナも植物である。

私はコーヒーを飲んだ。

やはり、バナナとコーヒーは合う。

バナナには、何度か大きな転換点がある。

かつて食べられていたバナナは「グロスミッチェル種」という品種であった。しかし、この品種は今では見られない。じつは「パナマ病」というバナナの病気が流行して、壊滅状態に陥ってしまったのである。

バナナはクローンで殖やしていく。そのため、一本のバナナがパナマ病に弱いということは、クローンで殖やしたバナナはすべて病気に弱いことになってしまうのである。

現在、私たちが食べているバナナの多くは、パナマ病に強い「キャベンディッシュ種」である。しかし現在、この品種に感染する「新パナマ病」が広がりつつある。

クローンで殖やしたキャベンディッシュ種は、すべてが新パナマ病に弱いということなのだ。私たちが食べているバナナも、やがて食べられなくなってしまうかも知れない。

栄養繁殖で殖えたクローンは、すべて同じ性質を持っている。

一本の個体がある病気に弱ければ、そこから殖えたすべてのクローンが病気に弱いことになってしまう。

あるいは、病気の菌やウイルスに感染している株が栄養繁殖で殖えれば、病気を持った個体が殖えていくことになる。

一方、種子で殖える方法は、まったく違う。

種子で殖えた子どもは、親とは似ていてもまったく同じ性質ではない。

親が病気に弱くても、子どもが必ずしも病気に弱いということはない。

種子繁殖はコストが掛かるが、病気で絶滅をするリスクは回避できる。そして、病気以外にも、環境の変化に対応することも可能となるのだ。

栄養繁殖と人類史

実際に、もともとの二倍体バナナは種子を作り、種子で繁殖する。

しかし、種子で殖えた子孫は、親に似ているとはいえ、親と同じではない。元が美味しいバナナだったとしても、そこから種子で殖やしたバナナは同じように美味しいとは限らない。

一方、栄養繁殖ならば、どんなに殖やしても元のバナナと同じ味のバナナになる。そのため人間は、栄養繁殖を好むのである。

かつて一九世紀のアイルランドで、貴重な食糧であったジャガイモの病気が流行して、国中のジャガイモが壊滅状態になってしまった事件が起こった。

ジャガイモは芋で殖やすことができる。そのため、アイルランドでは、国中のジャガイモは、遺伝子がまったく同じクローンだったのである。

多くの人が飢餓のために命を失い、食べ物を失った多くの人たちは祖国を離れて、開拓地であったアメリカ大陸に渡った。そして大勢の移民たちの力が、工業国として発展していたアメリカ合衆国を創り上げていった。アイルランドの大飢饉《ききん》は、世界史上でも大きな事件として伝えられている。

人間は「多様性が重要だ」とか「個性が大切だ」というが、農業は多様性のある植物をいかに均一にするかが課題だった。

イネでも、野生のイネは早く熟すものや、遅れて熟すものがある。イネは、多様性を持つことで、全滅するリスクを回避しているのである。しかし、熟す時期がバラバラだと一度に稲刈りをすることができない。そのため、同じくらいの時期に一斉に熟すようにそろえられているのだ。

ダイコンも植物だから、実際には長いものや短いものがあったり、まるまると太ったものや、細いものなどさまざまである。しかし、それでは箱詰めすることができないし、売り場に並べるのも大変である。さらには、一本一本、違った値段をつけなければならない。

そのため、まるで工業製品のように同じように均一なダイコンが作られて、工場で作られた製品のように、美しく並べられて、売られているのである。

ラメットとジェネット

（いやいや、どうして私は余計なことばかり考えてしまうのだろう）

楠木さんの質問は、「サクラの木が何本あるか？」だった。

植物は、クローンで殖えるから複雑なのだ。

一般的に動物は、オスとメスとがペアとなって、自分たちとは異なる子孫を残す。しかし、植物は花粉を受粉して種子を作る種子繁殖だけでなく、クローンで殖える。

挿し木で二本に殖やしたサクラの木は、見た目は二本である。

種子で殖やそうと、枝で殖やそうと、二本に増えたのだから、二本で良いのではないかと思うかも知れない。確かにそのとおりである。

遺伝的に同一のクローンで殖やされた分身なのか、遺伝的には別だが見た目が似ている二本の木なのかは、見ただけではわからない。

それでは、タケはどうだろう。

タケも栄養繁殖で殖える植物である。

タケは地面の下に地下茎を伸ばす。そして、その地下茎からタケノコを芽吹かせるのだ。やがて、このタケノコは、タケへと成長するのである。

竹林に二本のタケがある。

この二本のタケは、地面の下でつながっている。そうだとすると、このタケは二本あると言えるのだろうか。それとも、地面の下でつながった一本のタケなのだろうか？


植物学では、これをラメットとジェネットという言葉で区別している。

ロミオとジュリエットではない、ラメットとジェネットである。

ラメットは、見た目の植物の数である。つまり地面の下がわからない私たちには、タケは二本あるように見える。つまり、ラメットが二つあると数える。

一方、このタケは地面の下でつながっている。つまり一体なのだ。そこで、ジェネットは一つであると数える。

つまり、地面の下でつながったタケは、二本であるとも言えるし、一本であるとも言えるのだ。

地面の下でつながっていようと、二本のタケが伸びているのだから、二本で良いのではないかと思うかも知れない。確かにそのとおりである。

しかし、やっぱり話はそう単純ではない。

二本のタケは、地面の下でつながっているだけではない。

たとえば、一本の枝に光がまったく当たらなかったとしよう。その場合、光が当たらないタケは光合成をすることができずに、栄養分が不足してしまう。するとどうだろう。光が当たっているもう一本のタケが、光が当たらないタケに栄養分を供給するのである。

これは、二本のタケが助け合っていると見ることもできる。

しかし、地面の下でつながっていて、もともと一つの体なのだから、当たり前だと見ることもできる。

接ぎ木は何がすごいのか？

植物は、当たり前のようにクローンで殖えることができる。

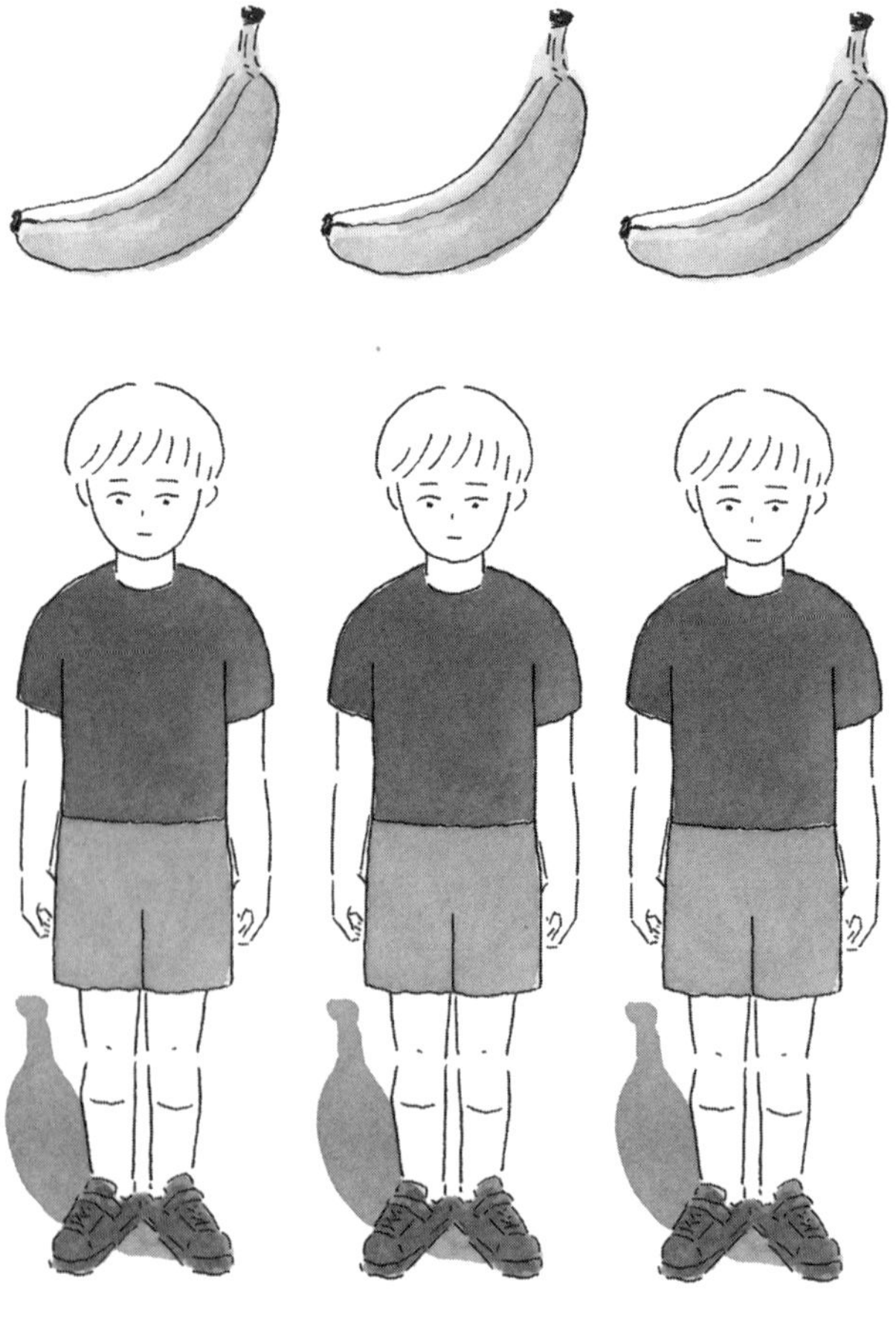

一方、人間はクローンで殖えることができない。

もっとも、ＳＦでは、クローン人間が登場する。また、現代の科学技術であれば、遠くない未来にクローン人間を作ることができるかも知れない。

実際に、畜産の現場であれば、人工的に双子の牛を生み出すことは、そんなに難しい技術ではない。つまり、動物でもクローンを作ることはできるのだ。

人間でクローンが作られないのは、倫理的にクローン人間は許されていないからである。

もし、クローン人間の研究が進んで、自分と同じクローンがいたとしたら、それはどんな気持ちなのだろう。

植物では、クローンはごくごくふつうのことである。

いや、クローンで殖やす挿し木も不思議だが、植物では、もっと不思議な技術がある。

それが、「接ぎ木」である。

実際には、ソメイヨシノは挿し木ではなく、接ぎ木で殖やされている。

接ぎ木というのは、二つの植物をつなぎ合わせる方法である。
たとえば、キュウリの苗はカボチャの苗とつなぎ合わせる。これが「接ぎ木苗」と呼ばれるものである。

接ぎ木苗を作るとき、カボチャの苗は根っこを残して、葉っぱの出ている上の部分は切り取ってしまう。一方、キュウリの苗は葉っぱの部分を残して、下の根っこの部分を切り取ってしまう。そして、カボチャの根っこに、キュウリの葉っぱの部分をつなぎ合わせるのだ。

人魚の上半身が人間で、下半身が魚であるように、上半身がキュウリで、下半身がカボチャの苗ができあがるのである。

このとき、下半身の根っこになる部分の苗を「台木《だいぎ》」、その上で上半身になる部分を「穂木《ほぎ》」と呼ぶ。台木のカボチャの根っこが病気にかかりにくかったり、乾燥に強かったりすると、接ぎ木苗は病気にも乾燥にも強い苗になる。それが、接ぎ木をするメリットである。

この接ぎ木の技術の歴史は古く、古代ギリシャや古代中国では紀元前から行なわれていたという。日本でも平安時代には記録が残っているというからすごい。昔の人たちは二種類の植物をつなぎ合わせて一つにできることを知っていたのである。

ソメイヨシノの接ぎ木

ソメイヨシノは種子で殖やすと、その子はソメイヨシノではなくなってしまうから、クローンで殖やさなければならない。とはいえ、枝を取ってきて挿し木で殖やすのには時間が掛かる。

そこで、接ぎ木を行なうのである。

ソメイヨシノの台木に用いるのは、オオシマザクラなど他の種類の桜である。他の桜の苗木を植えて、大量の木を育てておく。そして、その木を切って、ソメイヨシノの枝を、接ぎ木していくのである。

すでに台木となる桜がしっかりと根を張っているから、成長が早い。

こうして日本中にソメイヨシノの木が殖やされていったのである。

ソメイヨシノは、すべての木がクローンで、遺伝的に同じ性質を持っているので、一斉に咲く。

ソメイヨシノの花見の期間は短いが、一斉に咲いた見事な桜の花を楽しむことができるのだ。多様性を持つヤマザクラは、こうはいかない。木によって花の咲く時期がまちまちなので、花を楽しむことのできる期間が長い一方で、一面に咲く光景は見ることができないのである。

元の一本の木からクローンで殖やしたソメイヨシノは一斉に咲いて、一斉に散る。そのため、ソメイヨシノは散り際が美しくなる。この一瞬の美しさとはかなさは、日本人の死生観に影響を与えたとも言われている。

また、天気予報では、春の訪れを感じさせる桜前線を紹介するが、温度に従って、南から順番にサクラの花が咲いていくのも、日本中のソメイヨシノが同じ性質を持つクローンだからこそ可能なことだ。

接ぎ木の本体はどっち? 人魚の本体はどっち?

「接ぎ木」は、古くから当たり前のように行なわれてきたが、考えてみれば、とても不思議である。

何しろ下がオオシマザクラで上がソメイヨシノだったり、下がカボチャで上がキュウリだったりするのだ。

何とも奇妙な現象である。

たとえば二つのサクラの木をつなぎ合わせた場合、根っこのあるオオシマザクラと、花を咲かせるソメイヨシノは、どちらがその本体であるべきなのだろう。

これは花を咲かせるソメイヨシノのような気がするが、どうだろう。

しかし、植物にとって根っこはなくてはならない部分である。花がなくても生きてはいけるが、根っこがなければ生きていけないのである。

接ぎ木の苗は、上半身が人間で、下半身が魚の、人魚のようものだ。

もし、人工的に人間と魚をくっつけて人魚を作り出したとしても、その本体は、魚ではなく、人間になるだろう。人間や魚のような脊椎動物は、脳が体のすべてを支配している。そのため、脳を持つ上半身の方が優先されるのである。

臓器移植を考える

もっとも、人魚は空想上の存在だから、実際に下が魚で上が人間のような生き物が存在するわけではないし、作り出せるわけではない。

人間の場合は、植物のように切ったり貼ったりできるわけではないのだ。

しかし、臓器や皮膚などを移植することはある。

たとえば、心臓を移植する。

現在では「脳死」で死を判定するが、かつては心臓が止まる「心臓死」が人の死を意味した。心臓が動いていることは、生きていることと等しい。心臓は生きる上でもっとも重要な臓器の一つだ。

そんな心臓を移植することがある。

臓器を提供したドナーの心臓は、新しい体で生き続けることになる。

その場合、その人の人格はどうなるのだろう？

心臓は、大切な臓器だが、心臓を移植しても、やはり体の本体は脳になるだろう。

それでは、脳を移植したとしたら、どうだろう。

脳だけを別の誰かに移植する……。

この場合は、どちらが本体なのだろう。

脳が本体で問題ないような気もするが、しかし、他の体のすべては誰かのものである。足が遅くなってしまうかも知れないし、目もよく見えないかも知れない。その人の性質は、そのままなのだ。

それでも、人間の場合は、やはり意識を持つ脳が本体と言っていいだろう。

しかし、生物として見たときには、それはどうだろう。

たとえば、人間の脳を魚に移植したとき、それは人間だと言えるのだろうか。

それとも、どんなに人間の脳を持っていたとしても、それは魚に過ぎないのだろうか。

植物は、私たちのように脳を持たない。

根っこのあるオオシマザクラと、花を咲かせるソメイヨシノは、どちらがその本体であるというべきなのだろう。

木曜日の答え

（いやいや、どうして私は余計なことばかり考えてしまうのだろう）

それにしても……と私はコーヒーを淹《い》れ直した。

竹林のタケは、地面の下ですべてつながっている。

私たちから見れば、一本一本のタケのラメットは、競い合いながら伸びて、光を奪い合っているように見える。

しかし、実際にはタケたちは地面の下で助け合っている。

タケたちは、地面の下でつながり合っていることが、わかっているのだ。

もしかすると、私たち人間も、見えないところでつながっているのかも知れない。

しかし、人間は見えるところで競い合ったり、奪い合ったりしている。

タケたちは、そんな人間をどんな風に見ているのだろう。

ずいぶん滑稽な生き物だと思っているかも知れない。

私は冷めたコーヒーを飲み干した。

「Re：質問です」

私は返信をした。

「植物はつながっています。たくさんあるとも言えますし、一つだとも言えます。植物から見た人間はどうでしょうか。たくさんいるように見えるかも知れませんし、『あいつら根っこではつながっているのに』と思われているかも知れません。」

金曜日

木は生きているか?

木の柱は生きている!?

パソコンを開くと、いつものように楠木さんからのメールが来ていた。

「木は生きていますか？」

これが今朝の質問だった。

「木の柱は生きている。」

木造住宅の宣伝などで、よく聞く言葉である。

もちろん、実際には、柱は生きてはいない。

切り倒されて、木材にされたときに死んでしまっているのだ。

ただし、木材は、もともと植物である。

そのため、細胞壁で囲まれた細胞からできている。今では細胞はもうなくなっているが、細胞壁で区切られてたくさんの空間がある。その空間が水分を吸収したり、放出したりする。それが呼吸をしているようなので、木の柱は生きていると言われているのである。

木は生きながらに死んでいる

もっとも、生きている木も、そのほとんどは死んだ細胞からできている。

たとえば木材に切り出して使うのは、木の中心の部分だ。

木の中心の部分は、じつは樹木として立っているときから死んでいる。

生きている細胞はやわらかいが、死んだ細胞はかたくなる。そして、死んでかたくなった細胞が、巨大な木を支えているのである。

それでは、生きている細胞はどこにあるのだろう。

じつは木の外側にやわらかい細胞がある。この外側の部分だけが生きているのである。

生きた細胞は外側へ外側へと細胞分裂を続けながら、幹を太らせていく。

そして、内側に位置した細胞は死んでいくのである。

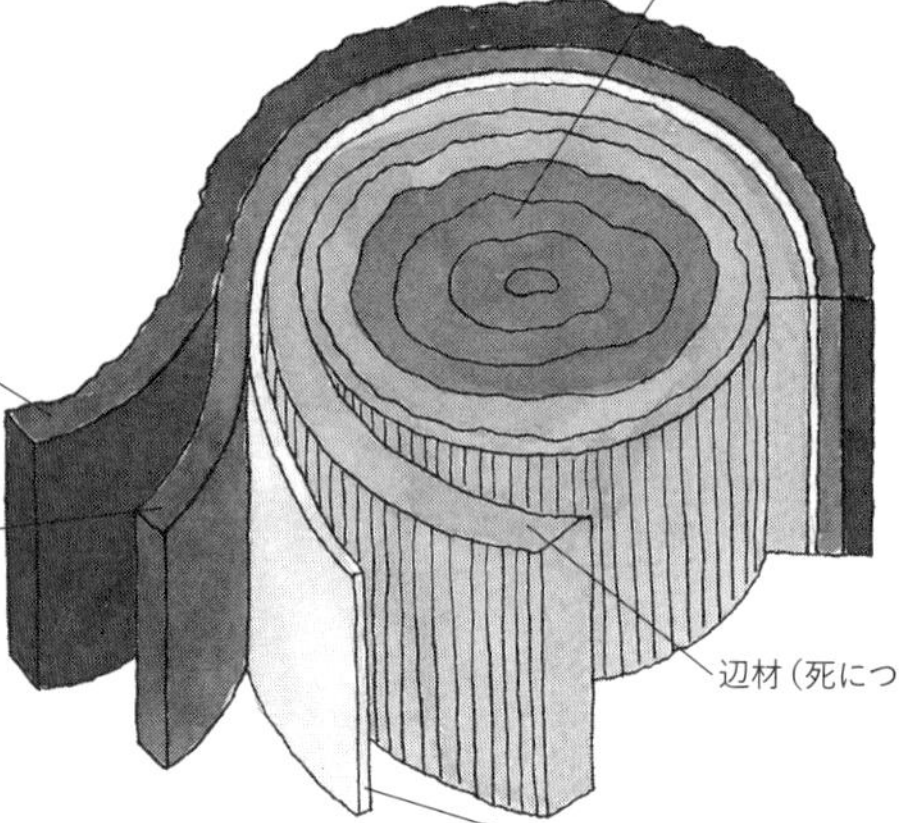

切り倒された木の断面を見ると、中心部は、色が濃く変色している。この中心部分は死んだ細胞で形成されている。その外側に、色が薄く白っぽい部分がある。この外側の部分は、細胞が死につつある場所である。

そして、樹皮を取り除いた幹の一番外側にある薄い部分。このわずかな部分だけが、今まさに生命活動を行なっているのである。

大きな木も、実際に、生きている部分はほんのわずかである。そして、古い細胞が死んでいき、その上に新たに作られた細胞が積み重ねられているだけなのである。そして、その細胞もやがて死に絶えて、その屍《しかばね》の上に、また、新しい細胞が作られる。

木の幹には年輪が刻まれている。この年輪が、細胞たちが生きていた痕跡である。こうして内側の細胞は次々に死んでいく。そして死んだ細胞が蓄積していくことによって、木は大きくなってくるのだ。

ときどき、大木の幹に大きな洞《ほら》ができていることがあるが、木にとっては何でもないことだ。何しろ、幹の大部分は死んでいるのである。

人間と木の共通点

死んだ細胞によって体が作られているなんて、木はずいぶんと奇妙な生き物だ。

しかし、よくよく考えてみれば、それは私たち人間の体も同じである。

私たちの体も生きている細胞と死んでいる細胞からできている。

たとえば、私たちの爪はどうだろう。

爪は死んだ細胞で、できている。

爪の細胞は生まれてから、しばらくすると、核を失い、死んだ細胞となる。そして、死んだ細胞として、私たちの指先を守るのである。

あるいは、髪の毛はどうだろう。

髪の毛も、死んだ細胞である。髪の細胞も、生まれてしばらくすると、核を失って、死んだ細胞となる。そして、毛髪となって、私たちの頭を守るのである。

とは言っても、爪や髪の毛は、切っても痛くもないし、自分の体の一部という実感はわかない。

それでは皮膚はどうだろう。

私たちの皮膚の一番外側にある「角質層」は、じつは、死んだ細胞である。

私たちの体は、死んだ細胞に包まれているのだ。

樹木は、生きた細胞が死んだ細胞を包んでいる。一方、私たち人間は死んだ細胞が生きた細胞を包んでいる。

反対と言えば、反対だが、死んだ細胞と生きた細胞で体ができている点では、まったく違いがない。

そうだとすると、私たちの体は生きていると言えるのだろうか。

脳と生死

しかし、髪の毛や爪や、角質が死んだ細胞であるとしても、私たちは死を実感することはない。

それは私たちが脳に本体を置く生命体だからだろう。

植物には脳はない。

しかし、私たちには脳がある。

たとえば、腕や足がなくなったとしても、私は生きていくことができる。

それは、脳があるからだ。脳が生きている限り、私は生きているのだ。

どんなに死んだ細胞に囲まれていても、脳が生きていれば、私は生きているのだ。

脳が死んでもヒゲが伸びると言われるが、ヒゲを伸ばす細胞が、生きていたとしても、それは私が生きていることにはならないだろう。


しかし、と私は思った。

私たちにとって脳は特別な器官だが、よくよく考えてみれば、脳の細胞もヒゲを伸ばす細胞も大きな違いはない。

私たちが命を授かったとき、私たちはどんな生命体だったろう。

父親の精子と母親の卵子が出会って受精卵となったとき、私たちは、たった一個の細胞だった。始まりは単細胞生物だったのだ。

その細胞が、分裂を繰り返して、私たちの体は作られたのだ。

そうであるとすれば、私たちの体の中の細胞は、すべて分裂したコピーである。

すべての細胞は同じ遺伝情報を持っている。爪の細胞であっても、髪の毛の細胞であっても、私たちの分身であることに変わりはないのだ。

死んだ細胞は間違いなく、私たちの体を形作る、体の一部なのだ。

生命の本質とは？

植物には脳がない。

ある細胞は葉っぱとなり、ある葉っぱは茎になる。ただ、それだけのことだ。

人間も同じである。

人間の体は数十兆個もの細胞からできている。

つまり、たくさんの細胞が集まった多細胞生物である。

細胞分裂したある細胞は腕となり、ある細胞は内臓となる。

私たちにとって、脳は特別な器官であるが、それも、細胞分裂した細胞が、たまたま「脳細胞」という役割を担っているだけに過ぎない。

脳は、たくさんの細胞が集まっただけのものだ。脳細胞は、単なる役割分担でしかないのである。

実際に、私たちは脳が体のすべてを支配しているように思えるが、たとえば心臓の細胞は脳からの指令がなくても平気で動いている。肌の新陳代謝も肌の細胞が勝手に行なっている。

あるいは体のあらゆる部位から脳に信号が送られて、体の機能が保たれている。脳はコントロールセンターの役割を担っているだけで、脳が体の各器官に働かされていると見ることもできる。

本当に私たちの「生きている」本質は脳にあるのだろうか？

そもそも、人間の脳というものは、あやふやな器官である。

生物にとってもっとも大切なことは、生き抜くことである。与えられた命が失われるその瞬間まで生きる、それが生命の本質である。

それなのに、私たちの脳はどうだろう。

ときに「生きることに疲れた」などと言ってみたりする。ひどいときには、「生きたくない」「死にたい」などと考える。こんな細胞は、生物としては失格だ。

「生きたくない」などと弱音を吐いている器官は、他にない。胃袋だって、心臓だって、何も文句を言わずに、日々、生きて働いている。それが生命の営みである。

体中のすべての細胞が生きることに必死なのに、「生きたくない」と言い出すような脳細胞は、他の細胞にしてみれば、迷惑以外の何ものでもないだろう。

死にゆく運命にある爪の細胞でさえも、命がなくなる瞬間までは精いっぱい生きている。それが生命なのだ。

「死にたい」と考える細胞より、黙々と生きて死んでいく爪の細胞や髪の毛の細胞こそが、よほど生命として優れている。

それでも、「脳」が私たちの生命の本質なのだろうか?

繰り返される生と死

私たちの体は、たくさんの細胞が集まった細胞の集合体である。

そう考えると、不思議なことがある。

私の皮膚の細胞は、日々、垢《あか》となって落ちていく。

この古い肌の細胞も、すべて私の分身だ。

そして、私の分身である無数の細胞は、日々、命を落として死んでいく。そして、また新しい細胞が生まれていくのである。

新しい細胞が生まれ、古い細胞は死んでいく。

こうして私たちの体の中では生と死が繰り返されているのだ。

私たちの肌の細胞は、およそ四五日で、新しいものに置き換わるという。

肌が新しい細胞に置き換わるように、骨の細胞や内臓の細胞も数ヵ月で生まれ変わる。

私たちの体の中では、常に細胞分裂が行なわれている。そして、新しい細胞に置き換わっていく。

そうだとすると……私の体は数ヵ月前とは、まったく違うものに置き換わっていることになる。

テセウスの船

思い出したのは、「テセウスの船」の話だ。

これは、ローマ帝国時代の著述家プルタルコスが提唱した問題だ。

テセウスの船は、こんな話である。


かつてテセウスの船と呼ばれる伝説の船が大切に保管されていた。

しかし、時を経るとともに船は老朽化してしまう。

そこで腐った部品をその都度、新しい部品に交換していった。

こうして、少しずつ少しずつ新しい部品と交換されていくうちに、最後にはすべて新しい部品に置き換わってしまったという。

さて、すべて新しい部品に置き換わったこの船は「テセウスの船」だろうか、それとも別の船だろうか。

これが、プルタルコスが提唱した「テセウスの船」の課題である。

私たちの体も「テセウスの船」と同じである。

日々、新しい細胞が生まれ、古い細胞は新しい細胞に置き換わっていく。

何ヵ月か前まで、私が「自分の体」だと信じて、動かしていた手も腕も、もうどこにも存在していない。

足も腹も、体の中の胃も腸も、数ヵ月前に私の体だったものは、何もない。

私の体は、数ヵ月ですっかり入れ替わっている。

私は今、数ヵ月前とはまったく違う入れ物の中にいるのだ。

そうだとすると、以前の私と今年の私は同じ私なのだろうか。

それとも別の私なのだろうか。

私とはいったい何なのだろう。

新しい細胞に置き換えられた私の体は、以前の私と同じと言えるだろうか？
それとも、以前の私とは別の存在なのだろうか？

私とは何？ 私の心はどこ？

新しい細胞が作られるとは言っても、それは細胞分裂によって生み出されるのだから、新しい細胞は古い細胞のコピーである。

ということは、古い体がまったくなくなって、新しい体に生まれ変わるわけではない。

しかし、どうだろう。

細胞は、私たちが食べたものを原料として作られる。

こうした代謝活動によって、古い材料で作られた細胞は失われ、新しい材料で作られた細胞に置き換わっていく。

細胞分裂によって、遺伝情報はコピーされるとしても、やはり体は置き換わっていくのだ。

いや、たとえ「体」という入れ物は変わってしまったとしても、私は私であることに変わりはない。

何しろ、「私」という人格は「脳」の中にこそ存在しているのだ。

たとえ腕を失ったとしても、私は私である。

新しい腕を移植したとしても、私は私である。

脳が変わらない限り、どんなに体が変わっても、私は私なのである。

ただ、調べてみると、そうとは言い切れなそうだ。

私たちの脳の細胞も一年で置き換わるという。

ということは、一年前の私の脳細胞と、現在の脳細胞は別の細胞が働いていることになる。

私が自分そのものだと信じていた「去年の脳」と、「今年の脳」はまったく別物だというのだ。

脳さえも入れ替わっているということは、私とはいったい何なのだろう。

私の心はどこにあるのだろう。私はいったいどこにいるのだろう。

私の本質

ただ、不思議なことに、「去年の脳」と、「今年の脳」とが完全に入れ替わってしまっているはずなのに、私は昔のことを覚えている。

子どものときの脳は、影も形も残っていないとしても、私には子どものときの記憶もある。学んだことや、経験もしっかりと身になっている。

これは、どういうことなのだろう。

私という存在は、パソコンの中に記憶されたデータのようなものに過ぎないのだろうか。単純な電気信号に過ぎないのだろうか。

SFの物語では、人間をアンドロイドにしたり、機械の体に改造したりすることがある。

たとえば、私の脳だけ取り出して、人工の体に移植したら、どうなるだろう。人工的な義手や義足もあるし、人工心臓もあるくらいだ。もう少し技術が進めば、体全体を人工的に作り出すことも可能だろう。

もし、人工的な体に私の脳を移植したら、果たして、それは「私」なのだろうか。

もっと空想してみよう。

もし、私の脳を別のものに移植してしまえば、私の体は空いている。もったいないから、人工知能を移植して、ロボットとして召使いに使ってみたらどうだろう。

私の脳細胞は人工的な体の中にある。脳細胞は、およそ一〇〇〇億個あまりの細胞があるとされている。人間の体はかつては六〇兆個の細胞があると言われていたが、最近では三七兆個程度と言われている。もちろん、数が減ったわけではない。そもそも、人間の体の細胞の数を数えることは簡単な作業ではないのだ。

仮に三七兆個とすると、脳細胞は三七分の一の数しかない。

つまり、私の体の細胞のほとんどは、そのロボットが持っていることになる。

その場合、脳細胞を持つ人工的な体と、人工知能を持つ私の体は、どちらが「私」なのだろうか？

フランケンシュタインの思い

植物にとって「接ぎ木」は古代から行なわれてきた、当たり前の技術である。

植物は切ったり貼ったりされていても、平気で生きている。

かつてSF小説の中でフランケンシュタイン博士は、死体をつなぎ合わせて一体の怪物を作り出した。実際にはフランケンシュタインは、この怪物を作り出した博士の名前だが、現在では、作り出された名も無き怪物が「フランケンシュタイン」の名で知られている。

この怪物は、自分が何者かがわからないまま死んでいった。

接ぎ木された植物も、考えてみればフランケンシュタインの怪物と同じである。

いったい、どんな思いで生きているのだろう。

私は淹れ直したコーヒーを口にした。

少し熱い。

もっとも、根っこがオオシマザクラで、上の木がソメイヨシノというのは、ずいぶん簡単な方だ。

たとえば、「源平咲き」と呼ばれる品種がある。

ウメやハナモモなどで、一つの木に赤い花と白い花が咲くことがある。

赤い花を平家の旗印、白い花を源氏の旗印に見立てて、「源平咲き」と呼ばれることがあるのである。

植物の木では、一部が突然変異をすることがある。枝の単位で突然変異が起こると、人間も見つけやすいので、これは「枝変わり」と呼ばれている。この枝変わりした枝を挿し木で殖やすと、突然変異をした木を殖やすことができるのだ。

種子から育てると時間が掛かる果樹では、このような枝変わりを見つけて、新しい品種にすることも多い。

源平咲きは、白い花が突然変異で生じて、それが一つの木の中に同居したものだ。

ただし、このような源平咲きは、赤い花と白い花を接ぎ木によって作り出すこともできる。

ソメイヨシノの接ぎ木をするときには、オオシマザクラが咲かないように、根っこだけ残してオオシマザクラの幹をすべて切ってしまったが、どちらも咲くように、台木の幹や枝も残して接ぎ木すればいい。こうして、赤い花の木と白い花の木を一つにつなぎ合わせれば、赤い花と白い花が同時に咲く木を作ることができるのである。

金曜日の答え

接ぎ木した源平咲きでは、赤い花を咲かせる木は細胞分裂をしながら成長していく。一方、白い花を咲かせる木も細胞分裂をしながら成長していく。

するとどうだろう。

赤い花の細胞と白い花の細胞は、混ざり合うようにして分裂を繰り返していく。そして、両方の細胞はモザイク状に存在するようになってしまうのだ。

これはキメラと呼ばれている。

キメラは、ギリシャ神話に登場する怪物で、頭がライオン、胴体がヤギ、尻尾がヘビという怪物である。このように、違った生物を組み合わせてできたものがキメラなのである。

上半身が人間で、下半身が魚という人魚もキメラだし、上の部分がソメイヨシノで、下の根っこがオオシマザクラという桜の苗木もキメラである。

しかし、植物学では、細胞単位で混ざり合った状態を言うことが多い。

上がソメイヨシノで下がオオシマザクラのようにわかりやすければ、わざわざキメラという言葉を使って説明する必要はない。

ところが、ソメイヨシノとオオシマザクラの癒着部分では、それぞれの細胞が混ざり合って、ソメイヨシノともオオシマザクラともつかない中間的な性質が出てしまうことがある。

この状態のときに、これは両種の雑種なのではなくて、ソメイヨシノとオオシマザクラの細胞が混ざり合った状態であることを表現するときに「キメラ」という言葉を使うのである。

キメラでは、二つの細胞が混ざり合っている。そんな状態にありながら、植物は何

食わぬ顔で赤い花と白い花を咲かせている。

こんなことをして、平気なのだろうか。

人間だったら……と考えると、とんでもないことになっている。

たとえば、皮膚を移植したら、移植した皮膚が勝手に増殖して、自分の皮膚と混ざり合っていくようなものだ。

脳細胞だったら、どうだろう。

脳をまるごと移植するのではなく、脳細胞という細胞を移植するのだ。

たとえば、私の脳の一部を、誰かの脳に移植する。私の脳も誰かの脳も、細胞分裂をしながら、混ざり合っていく。

こんな状態で、どのように生きていけば良いのだろう。

いったい、「私」という存在は、どこにあるのだろう。


「Ｒｅ：質問です」

私は返信をした。

「木は死んだ細胞と生きた細胞でできています。それは生きているとも言えるし、死んでいるとも言えます。生きていることと死んでいることは、常に共存しているのです。生きているということは、生と死がキメラになっていることなのです。」

大学教授の悩み

それにしても、楠木さんは月曜日から金曜日まで毎日、質問のメールを送ってきた。

質問は、授業の後に直接すれば良さそうなものだが、最近の学生はそうではない。

「質問はありませんか？」と授業中に聞いても、誰も手を挙げることはない。しかし、質問がある人は書いてください、と紙を配ると、質問が出てくる。

匿名にすると、基礎的な質問や本質的な質問など、良い質問が集まるようになる。

今の学生は失敗することを恐れるし、人よりも目立つことを恐れる。

大勢の前で発表するのは恥ずかしいし、的外れな質問をしてはいけないという心理が働くのだろう。

しかし、メールで質問をしてくる楠木さんは、積極的で熱心である。

少し加点してあげても良いかも知れない。少々面倒だが、名簿を見てみよう。

しかし……。いくら探しても楠木さんの名前がない。

私は三つの授業を担当しているし、受講者の名簿も学科ごとに分かれているので、受講者名簿は何枚もある。そのどれを見ても、名簿に名前がないのだ。

もっとも、これは不思議なことではない。

私の授業は、他学部の学生が履修届を出さずに、モグリで受けていることもある。レポートを出させると、名簿に名前のない学生が、平気で記名をしてレポートを出してくることもあるくらいだ。

単位がもらえないのに、授業を受けに来る学生は、よほど向学心の高い学生なのだろう。本当は、こういう学生に良い成績をつけてあげたいのだが、残念ながら他学部の学生は履修できないルールなので、どうすることもできない。

そもそも、そんな向学心のある学生にとって、「成績」はまったく意味のないものなのだろう。

土曜日

植物は死ぬのか？

死なない生物

土曜日は、大学は休みである。

しかし、溜まった仕事を片付けるため、私は研究室に来ていた。

雑務の山が溜まっているが、土曜日という気楽さもあって、いつもより、のんびりと朝を過ごすことができる。

まずは熱いコーヒーを淹れて、メールを片付けるところから始めることにしよう。


「質問です」

休日だというのに、また楠木さんからメールが来ていた。

開いてみるとこう書いてある。


「植物は死ぬのでしょうか？」

今日はずいぶんと簡単な質問だ。

楠木さんは植物が枯れているのを見たことがないのだろうか。

植物も生物である。

生命ある生物が死ぬのは、当たり前の話だ。

すべての生物が死ぬ。


いや、と私は思い直した。

実際には死なない生物もいる。

永遠に分裂を繰り返す

死なない生物……それは単細胞生物である。

単細胞生物は細胞一つだけでできている生物である。

単細胞生物は、分裂を繰り返していくだけである。

一つの細胞が分裂して二つになる。このとき、元の一つは死んで、新しい細胞が二つ生まれたのだろうか。元の一つが死んでしまったと考えるよりも、元の細胞が二つに分かれたと考える方が自然だろう。

単細胞生物はこれを繰り返していく。

この細胞分裂が永遠に続いていくのだ。

そのため、単細胞生物は死ぬことがない。もちろん、他の生物に食べられたり、事故で死んでしまったりということはあるだろうが、私たちのように老いて死ぬということはないのだ。

同じ単細胞生物でも、少し複雑な構造をしたゾウリムシは違う。

ゾウリムシも分裂をして殖えるが、分裂できる回数に限りがある。そして、与えられた分裂回数が終わると寿命が尽きたように死んでしまうのである。

そのため、ゾウリムシは、死ぬまでに他の個体とくっついて遺伝子を交換するということを行なう。そうすることで分裂回数はリセットされて、再び分裂ができるようになるのである。

こうして二匹のゾウリムシから、新しい二匹のゾウリムシが生まれる。

生まれ変わったゾウリムシは、元のゾウリムシと違う個体である。だから、これは新たなゾウリムシを残して、元の個体は死んでしまったと見ることができるかも知れない。

つまりは、ゾウリムシは死ぬのである。

生物が死ぬのは当たり前ではない。生物は進化して死ぬようになったのだ。

「死」という発明

ゾウリムシが他の個体と遺伝子を交換するのは、分裂回数のリセットの他にも理由がある。

一つの命がコピーをして殖えていくだけであれば、環境の変化に対応することができない。環境の変化に適応するためには、自らも変化しなければならないのだ。

単細胞生物は突然変異によって、遺伝子を変化させる。しかしそれには限界がある。

そこでゾウリムシは他の個体と遺伝子を交換するのである。こうして、自らを一度、壊して、まったく新たなものを作り出せば劇的に変化をすることができる。

この新しい命を生み出すための破壊が「死」である。

こうして生命はスクラップ・アンド・ビルドによって変化していく方法を生み出し

たのである。

つまり「死」は生物の進化が生み出した発明なのだ。

単細胞生物はただ分裂すれば良い。しかし、細胞が集まって多細胞生物となると、単純にコピーを生み出すわけにはいかない。

遺伝子を交換することで新しいものを作り出す。そして、新しいものができたのだから、古いものをなくしていく。それが「死」なのである。

「形あるものは、いつかは滅びる」と言われるように、この世に永遠にあり続けることのできるものはない。何千年何万年と、コピーをし続けるだけでは、永遠の時を生き抜くことは簡単ではない。

そこで、生命は永遠であり続けるために、自らを壊し、新しく作り直すことを考えた。つまり、一つの生命は一定期間で死に、その代わりに新しい生命を宿すのである。

新しい命を宿し、子孫を残せば、命のバトンを渡して自らは身を引いていく。

この「死」の発明によって、生命は世代を超えて命のリレーをつなぎながら、永遠であり続けることが可能になったのである。

永遠であり続けるために、生命は「限りある命」を作り出したのである。

老いの不思議

私たち人間も老いて死ぬ。

私たちは年老いてくると、新品だった自動車や冷蔵庫が古びてくるように、古くなってガタが来るのは当たり前と思うかも知れない。

しかし、そうではない。

私たちは、常に細胞分裂を繰り返している。

単細胞生物たちがそうであるように、永遠に分裂を繰り返すことが可能なはずなのだ。

私たちの体では、日々、新しい細胞が生まれている。

私たちの体は生まれたての細胞でできているのだ。

しかし、私たちの体は生まれたての赤ん坊とは違う。肌のピチピチ感は年齢とともに失われていくし、顔にはシワも刻まれていく。

新しい細胞を生み続けているはずなのに、どうして私たちは老いていくのだろう。

そして、どうして私たちは老いた末に死んでいかなければならないのだろう。

細胞分裂したばかりの生まれたての細胞に包まれているはずなのに、どうして私たちの体は老いていくのだろう？

死へのカウントダウン

老いたくない、死にたくないと、どんなに望んでも、私たちは誰もが老いて死んでいく。

老いていくことも、死んでいくことも、私たちの体が自ら起こしている現象である。

実際に、私たち人間の細胞には、老いて死ぬための仕組みがある。

それが「テロメア」である。

細胞の中の染色体には、テロメアという部分がある。このテロメアは染色体の両端にあって、染色体の中のDNAを保護する役目を持っている。

このテロメアが細胞分裂をするたびに、短くなっていく。

これが老化の原因である。

やがて、テロメアが限界を超えて短くなると、細胞は分裂できなくなる。そして、細胞は死ぬのである。私たちの細胞の分裂する回数は有限なのである。

テロメアは、死へのカウントダウンを行なう時限タイマーのようなものなのだ。

このテロメアによって、細胞は老化し、死んでいく。そして、細胞の集合体である私たちの体もまた、老いて死んでいくのだ。

このテロメアさえなければ、私たちは永遠に生きることができるのである。

（しかし、「テロメアさえなければ……」というような単純なものなのだろうか？）

私はコーヒーを飲んだ。

老いは進化の証

不思議なことに、私たちの祖先である単細胞生物はテロメアも持たなければ、死ぬこともない。不老不死である。

不老不死というのは、生命の進化の中では、もっとも単純でもっとも古いシステムなのだ。

やがて、生物は進化の過程で「老いて死ぬ」という仕組みを手に入れた。

考えてみれば、生物の進化は生き抜くために、さまざまな仕組みを発達させてきた。単細胞生物だった小さな生き物が、巨木となる植物として進化をし、海を泳ぐ魚や空を飛ぶ鳥に進化をした。そして、ついには道具を作り、文明を発達させるような巨大な脳を作り出したのである。

もしこの進化の過程において、「死ぬ」ということが、不利な条件なのであれば、生物の進化はテロメアのように危険な仕組みは、とっくにこれを改善しているはずである。

テロメアのない突然変異や、老いることのない進化をすれば良いだけなのだ。

私たちの祖先である単細胞生物は死ぬことはない。つまりは、不老不死である。

「不老不死」は、生命の進化の中では、もっとも単純でもっとも古いシステムである。

ところが、進化した生物は老いて死ぬ。

そうだとすれば、テロメアは、生物が老いて死ぬための効率の良い仕組みとして、自ら作り出したものである。

テロメアは、私たちが老いて死ぬことを、より効率良く、より確実に行なうための仕組みに過ぎないのだ。

生物は「不老不死」の生物から、「老いて死ぬ」生物に進化をしたのだ。

私がどんなに老いて死にたくないと思っても、私の体は老いて死ぬことを選択しているのである。

> どうして生物は、不老不死の体から、老いて死ぬ体へと進化をしたのだろう？

細胞の役割分担

その昔、地球に最初に誕生した生命には「死」はなかった。その生命はただ、分裂を繰り返していくだけだったのである。

やがて生物は、細胞が一つだけの単細胞生物から、細胞が集まった多細胞生物に進化をした。我々、人間も多細胞生物だ。

多細胞生物の誕生は謎に満ちているが、この時期には地球の環境が大きく変動したことが関係していると考えられている。

そして、単細胞生物たちは、劇的な環境の変化を乗り越えるために、群れをなした。

小さな魚が群れをなすように、「群れを作る」というのは、身を守るために効果的な方法である。

たとえば、ごく単純な話で考えても、たった一つの細胞で生きていくと、細胞の四方八方のすべての方向を守らなければならない。しかし、細胞と細胞が並んでくっつけば、反面だけを守ればいい。さらに、細胞が集まれば、群れの内側の細胞は安全になる。くっついて細胞の塊が大きくなればなるほど、内側の安全な細胞の数も増えていく。

そのため、細胞は分裂をして仲間を殖やしながら、集まって集合体を作るようになった。こうしてできたのが多細胞生物である。

最初のうちは、ただ細胞が集まっているだけだったかも知れない。

しかし、寄せ集まることによって、細胞はやがてそれぞれが役割分担を果たすようになる。

たとえば、細胞の集まりの外側にいる細胞は、好むと好まざるとにかかわらず、集団を守る役割を与えられる。一方、集団の中にいる細胞は、他の細胞に守られるから、細胞を守るということに労力を割かなくても良くなる。そうだとすれば、外側の細胞に栄養を与えたりしてサポートをする方が、自分の身を守る上では効率的かも知れない。

こうして、次第に役割分担を明確にしていく中で、細胞どうしが物質をやりとりし合ったり、信号を送ったりすることによって、よりスムーズに役割分担を果たすようになる。

こうして、いくつもの細胞が連携して一つの生命活動を行なう多細胞生物が生まれていったのである。

「死」が生まれるまで

こうして、多細胞生物の体は、高度で複雑なものへとなっていく。

ところが、問題が起こる。

こうして細胞分裂を繰り返していくだけでは、自分の体が肥大するだけで、新たな個体を殖やすことができない。それどころか、それぞれの細胞が無秩序に分裂を繰り返していけば、細胞の役割分担も成り立たなくなってしまうだろう。

そこで、多細胞生物は細胞分裂をすると古い細胞が死んでなくなるという仕組みを作り出した。

つまりは、スクラップ・アンド・ビルドである。

こうして生まれたのが「死」なのだ。

もっとも、元の細胞が二つに分かれる細胞分裂では、どちらが古くて、どちらが新しいという違いはない。そこで、新しい細胞を生み出す増殖を担う細胞と、分裂によって生み出される細胞という違いができたのである。

このスクラップ・アンド・ビルドの仕組みは、個体全体にも応用された。

そして、親の個体は、新しい個体を生み出して、世代交代を行なっていくようになったのである。

こうして、生物は高度な生命活動と同時に、「死」を手にしたのだ。

ちなみに、「秩序を保つために死ぬ」という多細胞生物の細胞のルールを無視して、増殖を続ける細胞もある。

それが、私たちの体の中に生まれる「ガン細胞」である。

ガン細胞は死ぬことを拒否して勝手に殖えまくる「不死の細胞」なのだ。

分化全能性

しかし、と私は思った。

植物はどうだろう。

植物は人工的な操作をしなくても、クローンで殖えるものがある。

たとえば、草餅の材料となるヨモギは、種子でも殖えるが、地下茎を伸ばしていく。地下茎がつながっていれば一個体だが、地下茎がちぎれれば、個体の数が殖えていく。

ツクシは、スギナという植物の胞子茎である。スギナも地下茎でつながっている。草取りをして、ちぎれたスギナの地下茎を、その辺に置いておくと、地下茎の断片が再生して、スギナが殖えてしまう。

コダカラベンケイソウという植物は、葉っぱの先に、小さな苗をつける。この小さな苗がポロポロと落ちて、殖えていくのである。どんどん子孫を殖やすから「子宝」と名付けられているのだ。

私たち人間からすると、体の一部がちぎれてクローンで殖えるということは、ずいぶん不思議である。

たとえば、私たちで言えば、腕を切り落とせば、胴体の腕が再生されるだけでなく、腕の方からも胴体が再生して、もう一人の自分が生まれるようなものだ。

いや、腕どころか、切り落とした爪や髪の毛から殖えるようなものかも知れない。正確には、爪や髪の毛は死んだ細胞だから、さすがに死んだ細胞から再生することはできないが、しかしもし、それが生きた細胞だとしたら、植物は細胞一つからでも再生することができる。

さすがに自然界で細胞一つから再生する現象は見られないが、たとえば無菌状態の実験室で細胞を培養すると、たった一つの細胞から植物を再生することができる。まさに究極のクローン増殖だ。

こんなことが可能なのは、植物の細胞が「分化全能性」という特徴を持っているためである。一つの細胞の中には、一個の植物になるための情報がすべて入っている。

そのため、どの細胞であっても、葉になったり、根になったりと、ありとあらゆる器官になることができる。それが分化全能性である。この性質があるから、植物のどの部分から細胞を取り出してきても、分裂した細胞が、葉や根に再び分化して、植物が再生するのである。

植物は多細胞生物であるが、多細胞生物も考えてみれば、単細胞の集まりでしかない。そのため、こんなことが可能なのだ。

分化全能性の消失と再現

もっとも、分化全能性を持つのは植物だけではない。

私たち動物も、分化全能性を持っている。

そういえば、考えてみれば私たちもそもそもは単細胞生物だった。

もちろん、三八億年の進化の話ではない。父親の精子と母親の卵子が出会って受精卵となったとき、私たちは、たった一個の細胞だったのである。

その細胞が、コピーを繰り返しながら、腕や足になったり、内臓になったり、脳を作り出したりしただけである。そのため、脳細胞も腕や足の細胞も、同じ遺伝情報を持っているのである。

植物はあらゆるところから枝が出たり、あらゆるところから葉が出たりする。枝の数にも、葉の数にも決まりはない。

しかし、人間の体は手や腕は二本と決まっているし、目は二つ、口は一つと決まっている。そのため、人間を含む動物の体は、分化全能性を失っていて、どこの細胞を取ってきても、体が再生されるということはない。

細胞は基本的には分化全能性を持つはずだが、動物の場合は、体全体の秩序を保つために、分化全能性が失われるようになっているのである。

どのような仕組みで分化全能性が失われるのかは、大いなる謎である。

動物である人間の細胞にこの分化全能性を持たせようというチャレンジが、ニュースで話題となるｉＰＳ細胞やＥＳ細胞である。

植物は死なないのか？

植物はクローンで殖えることもできる。

よく大切なご神木や歴史的な銘木が枯れかけているときに、挿し木で苗を殖やすことがある。そして、「二代目」などと呼ばれて、小さな苗木が育てられている。

元の木は枯れてしまっても、クローンで殖やした苗木は、まったく同じ性質を持つ。

ということは、この木は死んでいないのだろうか。

元の木は枯れてしまったと思うかも知れないが、苗木にしてみれば、元の木もクローンである。

細胞分裂して新しい細胞が生まれて、古い細胞が失われていくことと何も変わらない。樹木の新しい葉が生まれて、古い枯れ葉が落ちたり、人間の新しい肌の細胞が生まれて、古い肌の細胞が垢として落ちていくのと同じである。

そうだとすると、クローンで栄養繁殖をしている植物は死ぬことがないのだろうか。

樹齢一〇〇〇年の銘木が枯れてしまう前に、その枝を挿し木で殖やした苗木を植えた。この「二代目の銘木」の樹齢は一〇〇〇年と言えるだろうか？

HeLa細胞

たとえば、こんな妄想はどうだろう。

私が死ぬ前に私の細胞を培養して、新しい二代目の自分を作り出すのだ。

もし、これを繰り返せば、私は永遠に生き続けることができるのだろうか。

じつは、それはSFの世界の話ではなく、実際にそのようなことが行なわれている。

永遠に生き続けているその細胞は「HeLa《ヒーラ》細胞」と呼ばれている。

その細胞の持ち主の名前は、ヘンリエッタ・ラックス。彼女自身は一九五一年に亡くなってしまっているが、「HeLa細胞」と名付けられた彼女の細胞は、今も実験室の中で生き続けているのである。「HeLa細胞」はガン細胞である。ガン細胞は死ぬことを拒否して勝手に殖えまくる「不死の細胞」だ。

そのためHeLa細胞は、単細胞生物と同じように、細胞分裂を繰り返しているのだ。

このように、私たちも、細胞単位であれば、いつまでも生き長らえることができるのだ。

しかし、はたして、彼女は生き続けていると言えるのだろうか。

自然はＳＦよりも奇なり

さすがに、細胞が生きているだけでは、生きている実感はないだろう。

それでは、こうしたらどうだろう。

もし、体全体を残すことが難しいのであれば、脳だけを残すのである。

脳さえあれば、私を私として認識し、私として生きることができるだろう。

もし、脳細胞も古くなってしまうのであれば、脳の中にある情報だけでも良い。実際には、脳細胞でさえも、古い細胞は死んで新しい細胞に置き換わっていくだけの存在である。

私の本体は、脳細胞なのではない。脳細胞の中にある情報なのだ。

そうであれば、情報が永遠に生き続ければ良い。逆に言えば、脳細胞だけが培養液の中で生き長らえたとしても、そこに何の情報もなければ、私の脳は私ではない。

それならば、パソコンのデータのバックアップを取るように、私の脳の中の情報をすべて取り出して、それをコピーしていけば良いのではないだろうか？

これならば、「私」が生き長らえていると言えるのではないだろうか？


しかし、と私は天井を見た。

それならば、生物はすでにやっている……。

生物は遺伝子の乗り物に過ぎない

私たちは親から子へ、子から孫へと遺伝子を引き継いでいる。

遺伝子は、物ではない。情報のコピーである。

細胞は分裂をしながら、遺伝情報をコピーしていく。そして、そのコピーが親から子へと引き継がれるのである。

もちろん、有性生殖の場合は、オスとメスから半分ずつ遺伝子をもらってくることになるが、子どもの半分は自分が引き継いだ遺伝子だ。

そして、細胞が老いて、死んでも、遺伝情報は引き継がれる。

生物は老いて死ぬが、遺伝情報はコピーされ続けていくのである。

遺伝学者のリチャード・ドーキンスは、これを「生物は遺伝子の乗り物に過ぎない」と表現した。

それまでの考え方は、生物が主役であり、生物が親から子へと遺伝子をつなぐことでその性質を伝えていくというものであった。

つまり、鼻の長いゾウは「鼻が長い」という性質を親から子へと伝えていくのである。

しかし、遺伝子を主役に変えるとどうだろう。

遺伝子のコピーを伝えるために生物の体がある、と考えると、親から子へと遺伝子はそのまま伝えられていく。もちろん、父親と母親から遺伝子が伝わるから、性質は親とは異なるが、「遺伝子」の断片で考えれば、まったくそのままコピーされている。

そして、遺伝子は、生物の体を利用してコピーを繰り返していくのである。

たとえば、私の脳の情報を永遠に伝えようと思えば、その情報をロボットの体にインプットして生きていけばいい。そして、そのロボットが古くなれば、「私」という情報を再び取り出して、新しいロボットにそれを移す。「私」から見れば、ロボットは乗り換えていくだけの乗り物でしかない。

同じように遺伝子は、生物の体を利用して遺伝情報をコピーして、古い体から新しい体へと次々に乗り換えていくのである。

もっとも私の脳の中身は、食べ物の好き嫌いとか、楽しかった思い出とか、失恋の経験のような他愛もないものばかりで、コピーする価値はないかも知れない。

しかし、遺伝子は、生きていくために必要な情報をコピーしながら、永遠に伝えられていくのである。

より優れた乗り物へ

しかし、本当に生物の体は遺伝子の乗り物に過ぎないのだろうか。

たとえば、ゾウであれば「鼻が長い」という特徴がある。それは、遺伝子が「鼻が長い」という情報を持っているからだ。

鼻が長いことは、ゾウが生きていくために有利な性質であって、生物の体を乗り物にしている遺伝子にとっては、そんなに重要ではないような気もする。

やはり、鼻の長いゾウが生物の本質であって、遺伝子はそれを伝えるための道具に過ぎないのではないだろうか。

そう思いたくなるが、そうではない。

生物が遺伝子の乗り物であるとすれば、乗り物が滅びてしまっては困る。もし、「鼻が長い」ということが、遺伝子の乗り物を維持するために重要なのだとすれば、それは乗っている遺伝子にとっても重要なことになる。

そのため、遺伝子はより優れた乗り物の性質を手に入れていく必要があるのである。

優れた個体が生き残るのではなく、優れた乗り物に乗っている遺伝子が生き残るのだ。これが、リチャード・ドーキンスの物の見方である。

コピーのために死ねるか？

「生物は遺伝子の乗り物である」と考えると、それまで謎だった、さまざまな生物の営みが説明できる。

たとえば、働きアリは、自分では卵を産むことはない。ただ、ひたすら女王アリの世話をしたり、仲間のために働いたりして死んでいく。

どうして働きアリは、自分を犠牲にして、こんなにも利他的な行動ができるのだろうか。

リチャード・ドーキンスは、この現象は「利他的な行動」ではなく、「利己的な遺伝子」のふるまいであると、説明した。

たとえば、男性と女性から遺伝子を半分ずつ持ってきて子どもを作る人間の場合は、自分の子どもは自分と同じ遺伝子を半分持っていることになる。一方、計算してみると、兄弟姉妹が自分と同じ遺伝子を持っている確率も二分の一になる。

働きアリの場合も、仮に自分の子どもを産んだとすると、自分の二分の一の遺伝子を残すことができる。ところが、アリは、オスが染色体を半分しか持たない一倍体なので、計算すると、姉妹が自分と同じ遺伝子を持っている確率は四分の三となる。

アリは、女王アリが産んだ卵から生まれた姉妹たちによって、家族が構成される。もし、自分の遺伝子を残すということを考えると、自分が子どもを産むよりも、女王アリに自分の姉妹をたくさん産んでもらって、姉妹たちによって構成された巣を守る方が、効率が良い。

そのため、働きアリたちは、家族のために働くのである。

つまり、生物で考えると利他的に見える行動が、遺伝子の立場に立ってみれば、自分のコピーを守るための利己的な行動でしかなかったのである。

もし、私の脳内の情報がコピーされて、たくさんの私のコピーが生まれたとしたらどうだろう。私はそのコピーたちのために、死ぬことができるのだろうか。

死ぬ繁殖、死なない繁殖

私は熱いコーヒーを淹れ直した。

しかし、植物はどうだろう。

植物の中には、もっぱら栄養繁殖だけを行なうものがある。

たとえば、ヒガンバナがそうだ。すでに紹介したように、ヒガンバナは三倍体なので、種子を作ることができない。そのため、もっぱら肥大した球根のリン片が分かれて栄養繁殖をしていくのだ。

ヒガンバナは、縄文時代に日本に渡来したと考えられている。

それ以降、もっぱら栄養繁殖でクローンとして増殖をしているのだ。

そうだとすると、ヒガンバナはもう相当、長く生きていることになる。

植物は種子繁殖と栄養繁殖がある。

自らの子どもを残す「種子繁殖」は、死を伴う方法である。私たち動物と同じように、雌雄があって子どもを残す繁殖は、死によって次の世代に命をつなぐ方法なのである。雌雄の性があるので、これは「有性繁殖」とも呼ばれている。

一方、分身を残す「栄養繁殖」は、死を伴わない方法である。

自らのコピーを増やす栄養繁殖は、単細胞生物と同じように、死ぬことなく、ただ分裂を繰り返しながら遺伝子を残すことである。雌雄を必要としないので、これは「無性繁殖」とも呼ばれている。

植物は、「死ぬ繁殖」も「死なない繁殖」も、どちらも当たり前のように行なっている。

種子として遺伝子のコピーを残したとしても、クローンで自分の分身として遺伝子のコピーを残したとしても、どちらでも良いのだ。

私にとって、死ぬことは大事である。

しかし、植物は、死を伴うか、伴わないかなど、何のこだわりもないかのようだ。

植物にとって、「死ぬこと」とは、いったい何なのだろう？

植物は死ぬのだろうか？

植物にとっては、生き続けることにも、死ぬことにも、何の違いもない。
死ぬことにも、死なないことにも、何のこだわりもないのである。

生きているとは？

私たちは生きている。
でも、生きているとは何なのだろう？
辞書を見ると、「命を保っていること」とある。
それでは「命」とは何だろう？
辞書を見ると「生まれてから死ぬまでの生存の持続」とあった。
つまりは、「生きている」ということなのだろう。
どういうことなのだろう？
生きているとは何だろう？　命とは何なのだろう？

私たちは生物である。

そもそも生物とは何だろう。

辞書を調べてみよう。
生物とは……辞書にはこう書かれていた。

「無生物でないもの」

（いやいや、これじゃわからないよ）

きっと「無生物とは何か」と問えば「生物でないもの」と説明するに違いない。
あるいは、生物とは「生命を備えたもの」と辞書にあった。
それでは、生命とは何だろう。
さらに辞書を引いてみると「生物として存在させる本源」とあった。
（これではわからん）
他の辞書を引いてみると「生きているものと死んでいるもの、生物と非生物を区別するもの」とあった。

どういうことなのか、まったくわからない。

生物とはいったい、何なのだろう。

生物の条件

生物学は、その名も「生物」を研究する学問だから、さすがに、「生物とは何か」が定義されている。

じつは研究者において意見が分かれるところもあるが、生物は主に以下のような条件を持つものと考えられている。

定義の一つ目は、外界と膜で仕切られている。つまり細胞でできているということだ。

二つ目は、自分の複製を作って増殖をする。

そして三つ目が、代謝をしてエネルギーを生産する、である。

よく問題となるのがウイルスである。ウイルスは生物のように増殖していくが、生物学では生物としては扱われていない。それは、ウイルスはタンパク質で外界と仕切られているが、膜を持つ細胞ではないこと、また増殖はするが、他の生物の細胞に侵入しないと増殖ができないこと、自身で代謝していないことから、生物ではないと定義されるのである。

しかし、どうにもすっきりしない。

たとえば、自分の複製を作って増殖をするというが、それでは生物のオスはどうだろう。生物のメスは子孫を残すことができるが、オスは増殖をすることができない。

もちろん、生物のオスもメスと協力すれば自分の遺伝子を残すことができる。個体というレベルではなく、遺伝子というレベルであれば、オスも増殖することができるのだ。

それでは、ラバはどうだろう。ラバは、雄のロバと雌のウマの交雑によって作り出される家畜である。雑種であるこのラバは生殖能力を持たない。生殖能力を持たないラバは、生物ではないのだろうか。

細胞で作られているというのも、本当にそうだろうか。

現在では、地球以外の場所でも宇宙のどこかに生命体が存在すると考えられている。

地球とは異なる環境で異なる進化を遂げた生命体は、細胞からできているのだろうか。

宇宙で発見された生命体は、どのような定義で「生きている」と判断するのだろうか。

生きているとは、膜があって、代謝をして、自己増殖することだ、と言われても、何だかぴんと来ない。

生物の定義には、例外も多く、じつはあいまいなのだ。

生物は「生きているもの」である。

しかし、この「生きている」という現象は、はっきりしないのである。

私たちは生きている、と思っている。しかし、生きているとはどういうことか、よくわかっていないのだ。

土曜日の答え

生きているとは何だろう。

それは死んでいないことである。

それでは死んでいるとはどういうことなのだろう。


（いやいや、こんなこと考え始めたら、いくら時間があっても足りないよ）


とはいえ、学生からの質問にはできるだけ早く回答する必要がある。

今の学生は友だちどうしでは、ＬＩＮＥでやりとりをしているので、やりとりのスピードが速い。すぐに返事をしないと学生が不安になってしまう。その結果、学生からの私の評価が下がってしまうのだ。

信じられない話だが、今は学生が教員を評価する時代だ。学生の評価が低いと、大学から呼び出されてネチネチ言われることにもなりかねない。

とりあえず、私は返信をした。


「良い質問をありがとう。生きているって何でしょうね。考えていたら、よくわからなくなってきてしまいました。即答できないので、少し考えさせてください。」

日曜日

植物は何からできているのか?

最後の質問

夢を見た。
大きな大きな木があった。
子どもたちが木に登って遊んでいる。
着物を着ているのだろうか、裾がひらひらとしているのが見える。
木の上から海が見えると、はしゃいでいるようだ。
早く降りないと危ないぞ、私はそれを見上げながら、木の下から声を掛けた。
大きな大きな木だ。
木の葉が揺れ動くたびに、木漏れ日がきらきらしている。

日曜日の朝は少し朝寝ができる。
とはいえ、自宅にいても急ぎのメールが入っていることがあるから、メールチェックは欠かせない。特に学生からのメールに対する返信を怠って、学生に文句を言われたら大変だ。

それにしても昔はメールなんかなかったのに、日曜日までパソコンを開かなければならないなんて、どうして、こんな世の中になってしまったのだろう。

いつもより遅い時間にメールをチェックしていると、「伐採工事のお知らせ」というメールがあった。差出人は、大学の事務だ。

メールを開いてみると、「日曜日にクスノキの伐採工事を行なうため、車の進入ができません。」と連絡があった。

うっかりしていた。

そういえば、中庭の大きなクスノキは、建物の改築工事に伴って、伐採されることになったのだ。もっとも、今日は日曜日だから、大学に行く予定はない。研究室の学生に連絡をするのを忘れたが、もし学生が研究室に行く用事があっても、学生は自転車か原付だから、何とかするだろう。

この場所に大学ができる前から立っていたという巨大なクスノキだ。

聞くところによると、何でも旧陸軍の何かの施設のときにもあったとか、戦国武将の屋敷だったころからあったとか言われている。

私の寿命よりもずっとずっと長く生きていた大木も、伐採するには一日もかからない。
本当にあっけないものだ。
「ん？　クスノキ？」
（まさか！）
私はあわてて楠木さんからのメールを確認した。
良かった。
我ながら、科学者らしからぬ、バカな思いつきをしたものだ。
いつものように、メールは届いていた。
「質問です」
いつもと同じタイトルだ。私はホッとした。
メールを開くと、

「植物は何からできているのでしょうか？」


相変わらずの他愛もない質問だ。

もっとも、「生きる」とか「死ぬ」とか言っていた今までの質問と比べると、これはずいぶん簡単な質問である。

植物のデザイン

植物の体は、「根」と「茎」と「葉」からできている。

もし、加えるとすると、「花」と「実」だろうか。

植物はさまざまな種類があり、さまざまな形をしているが、そのすべては「根」「茎」「葉」「花」「実」という、たったこれだけの器官からデザインされている。

たとえば、サツマイモは根っこが太ったものだし、ジャガイモは茎が太ったものだ。同じ「芋」だが、サツマイモは養分をたくわえるために根っこを太らせるという発想だし、ジャガイモは養分を茎にたくわえるという発想だ。

発想は異なるが、地面の下に貯蔵器官を持つという似たようなデザインとなっている。

ニンジンも根っこが太ってできている。

ダイコンはどうだろう。ダイコンはニンジンに似ているが、根っこと、「胚軸」と呼ばれる茎の部分が太っている。ダイコンを見ると、ポツポツと小さな穴が並んでいる。これが細い根っこが生えていた痕跡である。つまり、痕跡があるところが根っこが太ったところで、痕跡のない上の部分は胚軸が太った部分である。

このように、さまざまな野菜も、必ず、「根」「茎」「葉」「花」「実」のいずれかから成り立っている。

植物のデザイン力というのは、本当にすごいものである。

「植物は、根、茎、葉、花、実、からできています。」

そう回答しようとして、私は「待てよ」と思い立った。

宇宙と生命をつなぐもの

それでは、それらの植物の器官は、何からできているだろうか？

これは「細胞からできている」と答えることもできる。

植物の体は細胞の集まりである。つまりは、細胞からできているという言い方の方が答えとしては正しいのかも知れない。

私は、メールに、「植物は細胞からできています。」と打った。

しかし、何か違うような気もする。

細胞は何からできているのだろうか？

細胞は、炭水化物、タンパク質、脂肪などの物質から作られている。

これらの物質はまとめて有機物と呼ばれている。

植物は、大気中の二酸化炭素を取り込んで、有機物を作り出す。そのため、有機物は炭素を含む物質である。

それでは、有機物の元となる炭素は、どこからやってきたのだろう。

私たち人間が持つ脳というのは、すばらしい想像力を持つ器官である。何しろ時空を超えて、はるか宇宙の果てのことも、はるか宇宙の始まりのことも想像することができるのだ。


想像してみよう。


宇宙の始まりはビッグバンである。

このビッグバンの直後に、水素やヘリウムなどの軽い原子が作られたと考えられている。しかし、このとき炭素はまだ作られていなかった。

炭素は元素番号が六番である。これは陽子が六個あることに由来している。

ビッグバンで作られた水素は陽子が一個、ヘリウムは陽子が二個である。

炭素ができるためには、これらの水素やヘリウムが核融合反応しなければならない。

もちろん、新たな元素が作られるということは、通常は起こらない。この反応が起こるためには、一億℃以上の高温が必要である。

そのような高温は、どのような条件で起こりうるだろうか。

この条件を満たすのが恒星の中心部である。

太陽のような恒星は、水素を核融合させることでエネルギーを放出している。

太陽のような恒星の内部の温度はおよそ一〇〇〇万℃である。

しかし、この核融合によって作られるのはヘリウムである。

やがて恒星は、年を取ると巨大化し、内部の圧力が高まっていく。そして、温度が一億℃以上にまで高まると、ヘリウムが結合して、炭素が作られ始めるのである。

そして恒星は膨張し、最後には爆発を起こす。

こうして星の中心部にあった炭素は、宇宙にばらまかれるのである。


そして、宇宙にばらまかれた炭素が、集まって地球のような惑星を作り、やがて、私たち生物の体を構成するようになった。

私たち地球に生きる生物の体の構成物は、宇宙のどこか遠くで生まれたものなのである。

日曜日の答え

私たちの生命の源は、星の死によって生み出されたものだったのである。

私たち地上に住む人間から見れば、永遠に思える夜空の星にも寿命があり、満天に広がるすべての星にやがて死が訪れる。そして、星が死んで宇宙にばらまかれた物質が、また宇宙のどこかで集まって、新しい星が生まれる。

広大な宇宙のどこかで、今日も星が死に、そして新たな星が生まれていることだろう。

永遠に思える宇宙でさえも、死と生を繰り返している。

私たちは、その宇宙の生と死の輪廻《りんね》の中で、偶然にも地球という星に生を享《う》けたのだ。

宇宙にあるすべてのものは、すべて死ぬ。

私たちは、そんな宇宙の片隅に生きるちっぽけな生命体だ。そんなちっぽけな生命体が、生きることや死ぬことの意味を考えようというのは、ずいぶんとおこがましいことに思える。

私たちは宇宙を構成する一員として、与えられた生命を生きて、与えられた死を受け入れるだけで良いのかも知れない。

沈んだ太陽は、翌朝には当たり前のように昇る。しかし、限りある命を持つ私たちにとっては、これは当たり前のことではない。明日には死んでいるかも知れないのだ。

さらに太陽自身にとっても、それは当たり前のことではない。年老いて、最後には死を迎える。そのときには、地球もまた膨張した太陽に巻き込まれて、太陽と運命を共にすることだろう。

そして今、私の体を構成している炭素は、再び宇宙にばらまかれ、そして、宇宙のどこかで新しい星を生み出すのだ。

もしかすると、小さな惑星には、小さな生命体が誕生するかも知れない。

そして、宇宙のどこかで生まれたその小さな生命体は、私の体の炭素から作られているかも知れないのだ。そう考えれば、宇宙の果てのことさえ愛《いと》おしい。

私たちの体は、星の死によって生まれたものである。そうだとすると、この炭素で作られた有機体が、「老いて死ぬ」運命を背負っていることは、当然のことなのかも知れない。

「Re：質問です」

私は返信をした。

「植物は星のかけらからできています。それは私たちも同じです。」

エピローグ

最後のメール

脳が疲れているのだろうか。

また不思議な夢を見た。


大きな木だろうか、何か植物がまぶしい光に包まれている。


植物にとって光は光合成を行なうために必要だが、強すぎる光は害となる。

光のエネルギーが強すぎると、光合成のシステムが破壊されてしまうのだ。

そのため、植物は強すぎる光は透過させるような仕組みや、アントシアニンなどの色素で余分な光を吸収するような安全装置を持っている。

それでも光が強いと、光エネルギーを熱エネルギーに変換してやり過ごす。

それでも余ったエネルギーは毒性のある活性酸素を作り出す。

そのため、多すぎる酸素を消費するための「光呼吸」という酸素を減らすためだけの呼吸をしたり、活性酸素を取り除くための抗酸化物質をたくわえたりしているのだ。

（この光は植物にとって、強すぎる……）

そう思ったときに、その植物は種子をばらまき始めた。

（そうだ、こうして植物は子孫を殖やし、命をつないでいくのだ……）

そう思ったときに、どこからか声が聞こえた。

「これは種子ではありません。」

（えっ？　どういうことだろう）

戸惑っていると、また、どこからか声がした。

「これは種子ではありません。これは私の未来です。」

（えっ？）

ハッと私は目が覚めた。目覚まし時計のアラームが鳴る五分前だった。

また、月曜日の朝がやってきた。

仕事をしている一週間はけっこう長い。

（いや、アインシュタインに言わせれば、それも相対的なものだったか……）

また、いつもと同じ一週間が始まり、また、いつもと同じようにメールチェックを始めた。

すると、いつもと同じように楠木さんから、メールが来ていた。

ただ、先週と違ったのは、その内容が、質問ではなかったということだ。

メールには、ただ、こう書かれていた。

「生きることも不思議です。

死ぬことも不思議です。

でも、命ってとても美しい。
与えられた命を生きて、与えられた死を受け入れるってすばらしいことですね。」

そして、最後にはこう書かれていた。

「先生も頑張ってください！」

私は返信を書かなかった。
それ以来、楠木さんからのメールは来ていない。

著者略歴
稲垣栄洋（いながき・ひでひろ）

農学博士、植物学者。1968年静岡県生まれ。静岡大学大学院教授。岡山大学大学院農学研究科修了後、農林水産省、静岡県農林技術研究所等を経て現職。『弱者の戦略』（新潮選書）、『植物はなぜ動かないのか』『雑草はなぜそこに生えているのか』『はずれ者が進化をつくる』（ちくまプリマー新書）、『生き物の死にざま』（草思社）、『世界史を大きく動かした植物』（PHP研究所）、『生き物が老いるということ』（中公新書ラクレ）など著書多数。

SB新書　623

植《しょく》物《ぶつ》に死《し》はあるのか

生命《せいめい》の不《ふ》思《し》議《ぎ》をめぐる一週間《いっしゅうかん》

2023年7月15日　初版第1刷発行
2023年8月26日　初版第2刷発行

著　　者　稲垣栄洋《いながきひでひろ》
発 行 者　小川 淳
発 行 所　SBクリエイティブ株式会社
〒106-0032　東京都港区六本木2-4-5
電話：03-5549-1201（営業部）

装　　丁　杉山健太郎
本文デザイン
D　T　P　株式会社ローヤル企画
イラスト　こんどうしず
校　　正　有限会社あかえんぴつ
編　　集　北 堅太（SBクリエイティブ）
印刷・製本　大日本印刷株式会社

本書をお読みになったご意見・ご感想を下記URL、
または左記QRコードよりお寄せください。
https://isbn2.sbcr.jp/18957/

落丁本、乱丁本は小社営業部にてお取り替えいたします。定価はカバーに記載されております。
本書の内容に関するご質問等は、小社学芸書籍編集部まで必ず書面にて
ご連絡いただきますようお願いいたします。

ISBN　978-4-8156-1895-7